LIOTHÈQUE DE L'INSTITUT NATIONAL D'AGRONOMIE COLONIALE

Contribution à l'Etude du Palmier à huile
EN AFRIQUE OCCIDENTALE FRANÇAISE

Notes sur quelques travaux effectués en 1922 et au début de 1923
dans les Stations expérimentales du Palmier à huile
à la Côte d'Ivoire et au Dahomey

PAR

A. HOUARD
Ingénieur agronome et d'Agronomie Coloniale
Inspecteur Général de l'Agriculture Coloniale

AVEC LA COLLABORATION DE

L. CASTELLI
Ingénieur d'Agronomie Coloniale
Directeur de la Station
de La Mé (Côte d'Ivoire)

et

J. LAVERGNE
Ingénieur agronome
Chef du Service du Laboratoire
de la Station de La Mé (Côte d'Ivoire)

PARIS Ve
LIBRAIRIE ÉMILE LAROSE
11, RUE VICTOR COUSIN, 11

1927

CONTRIBUTION A L'ÉTUDE DU PALMIER A HUILE

en Afrique Occidentale Française

BIBLIOTHÈQUE DE L'INSTITUT NATIONAL D'AGRONOMIE COLONIALE

Contribution à l'Etude du Palmier à huile
EN AFRIQUE OCCIDENTALE FRANÇAISE

*Notes sur quelques travaux effectués en 1922 et au début de 1923
dans les Stations expérimentales du Palmier à huile
à la Côte d'Ivoire et au Dahomey*

PAR

A. HOUARD
Ingénieur agronome et d'Agronomie Coloniale
Inspecteur Général de l'Agriculture Coloniale

AVEC LA COLLABORATION DE

L. CASTELLI
Ingénieur d'Agronomie Coloniale
Directeur de la Station
de La Mé (Côte d'Ivoire)

et

J. LAVERGNE
Ingénieur agronome
Chef du Service du Laboratoire
de la Station de La Mé (Côte d'Ivoire)

PARIS V^e
LIBRAIRIE ÉMILE LAROSE
11, RUE VICTOR COUSIN, 11

1927

La Sélection du Palmier à Huile [1]

par

A. HOUARD

Ingénieur agronome et d'Agronomie Coloniale
Directeur général des Stations expérimentales de La Mé et de Pobé

INTRODUCTION

*Le Gouvernement Général de l'Afrique Occidentale Française a communiqué à l'*Institut National d'Agronomie Coloniale *une très importante étude de MM. Houard, Directeur général des Stations expérimentales de La Mé (Côte d'Ivoire) et de Pobé (Dahomey), Lavergne, Chef du Service du Laboratoire de la Station de La Mé, et Castelli, Directeur de la Station de La Mé, sur les travaux de sélection effectués, en 1922 et au début de 1923, dans les Stations expérimentales du Palmier à huile, au Dahomey et à la Côte d'Ivoire.*

L'intérêt de tout premier ordre, et qui grandit de jour en jour, des produits du Palmier à huile, ne pouvait manquer d'orienter le Gouvernement Général d'abord vers l'amélioration des peuplements naturels d'Elæis puis vers la création d'importantes plantations de ce palmier capables de donner, à l'hectare, par sélection, les plus hauts rendements en huile.

*Des études, comme celles dont la publication commence aujourd'hui dans l'*Agronomie Coloniale, *ne pourront que contribuer à ce progrès car, conduites par des techniciens de valeur, elles s'appuieront sur des bases sérieuses, les seules qui, à notre époque, doivent guider le planteur.*

(1) Cette étude a été publiée, par tranches, dans l'*Agronomie Coloniale* nos 85 et suivants.

Certes, les résultats attendus pour l'ensemble des peuplements d'un grand pays comme l'A. O. F. ne seront pas visibles aussi rapidement que tout le monde le désire, car il faut tenir compte d'un facteur trop souvent négligé : le temps. Malgré cela, l'amélioration de la production se dessinera suffisamment, d'année en année, pour que, dans l'avenir, l'on puisse dire de notre génération qu'elle n'a rien négligé pour augmenter les richesses de nos colonies, incomplètement mises en valeur jusqu'ici.

CHAPITRE I

Considérations générales

La sélection du Palmier à huile doit, nécessairement, présenter deux stades successifs :

1° La sélection primaire ;

2° La sélection proprement dite ou pédigree.

La sélection primaire est celle qui est faite dans le peuplement naturel ou dans les plantations régulières déjà existantes, en vue d'isoler les premiers pieds mères dont les descendants doivent être expérimentés dans les Stations. C'est une sélection préparatoire, marquant seulement une amélioration immédiate de la palmeraie actuelle.

La sélection proprement dite ou *pédigree* portera sur les sujets des carrés de plantation provenant de la sélection primaire dont on pourra juger sainement de la valeur puisque leurs ascendants seront connus. Ce sera donc la véritable sélection appuyée sur ces bases certaines où l'hybridation pourra jouer pour exalter les qualités requises ou pour relever les caractères défaillants.

Les recherches se bornent, en ce moment, à la sélection primaire par la prospection des peuplements naturels et des plantations en vue de répérer et d'étudier les sujets qui, dès maintenant, présentent des qualités les distinguant de la masse.

La sélection de l'Elæis est lente et complexe pour des raisons multiples. La récolte est étagée sur toute l'année, la composition des régimes et des fruits varie notablement avec les saisons. Il faut donc assurer une prospection continue, visitant régulièrement les mêmes sujets pour déterminer une moyenne, seule base exacte de toute appréciation.

La productivité est influencée par les conditions météorologiques et certainement aussi par la périodicité que l'on observe chez toutes les essences fruitières ; son étude, de la plus haute importance dans la détermination des sujets repérés, nécessite une surveillance incessante de plusieurs années.

D'autre part, l'étude de chaque palmier entraîne des examens répétés, visant l'analyse physique, l'analyse chimique et l'essai à la presse hydraulique.

Les résultats ne peuvent donc être que lents et progressifs, d'autant plus que les Stations, en voie de création, ne possèdent pas encore leur outillage complet.

Classifications. — Aucun guide autre que l'observation directe ne peut venir orienter les premières recherches et en accélérer la réalisation. Les classifications botaniques sont prématurées, la plupart des divisions, beaucoup trop nombreuses, du reste, correspondant à des stades artificiels entre lesquels on observe tous les intermédiaires parfois même parmi les fruits d'un même régime. Il faut considérer le palmier comme un arbre fruitier où les formes sont innombrables et parmi lesquelles on ne peut admettre qu'un petit nombre d'entre elles représentant réellement des caractères distinctifs assez nets. Les classements créés par les indigènes sont pratiques ; encore présentent-ils des imperfections car les dénominations sont, elles aussi, arbitraires. Les appellations dahoméennes sont les plus claires ; celles de la Côte d'Ivoire sont trop nombreuses car elles se rapportent à un grand nombre de dialectes.

Le classement du Dahomey, qui sera provisoirement pris comme type, est le suivant :

1° Le *Dé-Yaya*, à fruits noirs, donnant, par diminution de l'épaisseur de la coque, le *Dé-kla*, le *Dé-Gbakoun* et le *Votchi*, sans qu'il y ait une délimitation franchement marquée par un caractère entre ces quatre formes.

Le *Dé-Yaya*, palmier ordinaire, est celui qui a la plus grosse coque et le péricarpe le moins charnu, c'est l'ancêtre des palmeraies, dont les descendants représentent 90 % du peuplement total du Dahomey.

Le *Dé-Kla* est une forme légèrement améliorée, à coque un peu moins épaisse, mais à péricarpe plus abondant, bien gorgé d'huile, dont le fruit présente la caractéristique, dans le type vrai, de se fendre à maturité.

Le *Dé-Gbakoun* vient ensuite, c'est un *Dé-Yaya* à coque mince et tendre et péricarpe abondant. Mais à quel moment fait-il place au *Dé-Yaya* ou au *Dé-Kla* non fendif? Rien ne l'indique implicitement. Le *Dé-Gbakoun* est celui dont la noix *peut se casser sous la dent*, d'après la définition des indigènes; rien n'est moins précis et ce compartimentage est uniquement lié à des sentiments d'appréciation.

Le *Votchi* est le point terminal de la chaîne; la noix a plus ou moins disparu. C'est la forme évoluée mais stérile du *Dé-Yaya*. Elle n'est pas franchement délimitée non plus; parfois, on observe un fuseau de fibre avec une amande réduite à la grosseur d'un petit pois ou une simple trace d'amande. Quel est le point de liaison du *Votchi* et du *Dé-Gbakoun?* Il n'existe pas. Tous les termes de transition se rencontrent non seulement sur divers palmiers, mais aussi sur le régime de certains Elæis.

Du *Dé-Yaya* au *Votchi*, on rencontre une suite ininterrompue, un véritable chapelet de formes en voie de dégénérescence, conduisant à la disparition de l'espèce. C'est une évolution horticole qui, si elle est recherchée pour la production fruitière, doit être réglementée pour le palmier à huile, car il faut éviter la stérilité et maintenir dans leur intégralité les deux productions du fruit ayant une valeur économique : l'huile de palme et l'amande de palme.

2° Le *Kissédé* à fruits verts dans le jeune âge, présente, quoique à un degré moindre, les variations d'épaisseur de la coque et l'abondance plus ou moins grande du péricarpe. Ses formes ne présentent, du reste, pas de supériorité sur celles du *Dé-Yaya*, au point de vue économique et dans l'ensemble la coque est trop épaisse.

3° Le *Fadé*, palmier fétiche, présente la caractéristique nette de conserver normalement ses folioles soudées. Au point de vue fructification, il ne présente aucune particularité intéressante.

Au point de vue de la sélection, c'est le groupe du *Dé-Yaya* qui doit spécialement attirer l'attention en particulier pour les formes *Dé-Gbakoun* et *Dé-Kla* non fendif.

Ce classement, dont la clarté est manifeste, permet, dans les premières recherches de sélection primaire, de cataloguer assez exactement le peuplement, l'appréciation portant sur l'ensemble des épaisseurs de péricarpe, de coque et d'amande pouvant devenir assez exacte et comparable à elle-même lorsque l'observateur a manipulé une certaine quantité de régimes.

Il sera adopté dans les dénominations actuelles de préférence aux classifications botaniques proposées, car il répond mieux à un cloisonnement d'ordre économique qui doit être, en ce moment, le point de vue impérieux des recherches des Stations Expérimentales.

Si une classification botanique est possible, elle ne pourra être établie que bien plus tard, sur un très grand nombre d'observations, et seulement lorsque les sujets obtenus de semis d'ancêtres connus, auront montré la fixité de certains caractères.

(Sélection primaire)

1° Mode opératoire. — La sélection primaire, telle qu'elle a été envisagée précédemment, se poursuit parallèlement au Dahomey et à la Côte d'Ivoire ; il est donc du plus haut intérêt que le mode opératoire adopté soit unique pour les deux stations, et que l'inscription des renseignements, faits de part et d'autre, le soit sur un modèle unique de façon que les observations restent constamment et rigoureusement comparables à elles-mêmes. Des instructions ont été données pour uniformiser les méthodes de travail des deux stations ; elles se rapportent au repérage des sujets, à l'analyse physique des régimes et des fruits et à l'interprétation des résultats d'analyse.

1. Repérage des sujets

Le moyen le plus simple et le plus rapide, facile à employer au Dahomey, en particulier, consiste, pour l'observateur, à suivre les grimpeurs au moment de la cueillette des régimes. Il suffit, pour faire une prospection complète, de s'entendre avec le propriétaire, pour assister aux récoltes régulières et successives qu'il fait effectuer dans sa palmeraie.

L'observateur suit les grimpeurs et examine le régime qui vient d'être abattu en prenant en considération sa forme et sa constitution générale ; il choisit quelques fruits qu'il observe en coupe transversale et en coupe longitudinale pour juger de la bonne harmonie de leur constitution. Si ce premier examen semble laisser prévoir un sujet intéressant, l'arbre est repéré et numéroté, et les premières indications le concernant sont enregistrées, à savoir : variété, âge du palmier, nature du sol, nombre de régimes récoltés ou à récolter, particularités du sujet. Le régime récolté est numéroté et pesé sur place, puis soumis à l'analyse physique dans le plus bref délai possible.

On peut ainsi, dans une journée de cueillette, examiner un très grand nombre de régimes. L'entente est facile avec les propriétaires choisis pour la réserve des palmiers qui seront retenus après l'examen physique et qui sont faciles à retrouver grâce à la marque peinte qu'ils portent et au repérage sur un plan. L'inscription du nombre de régimes, donné par la grimpeur, indique à la prochaine visite si, dans l'intervalle, des régimes ont été récoltés par inadvertance, mais il est aisé de trouver des indigènes sérieux qui veillent à la conservation des échantillons, et il suffit d'être présent aux cueillettes régulières qui ont lieu tous les quinze ou vingt jours, selon la saison.

Dans la région de Porto-Novo, on peut, en outre, obtenir de précieux renseignements sur la valeur individuelle de certains Elæis, car les indigènes connaissent bien ceux de leurs palmiers qui présentent des qualités particulières.

Dans les autres cas, l'observateur doit être accompagné de ses grimpeurs et procéder lui-même à la cueillette ; le repérage se fait de la même façon, après entente avec le producteur.

A la Côte d'Ivoire, les prospections, momentanément localisées à la région de Bingerville, ont été conduites de la même façon avec toute facilité, car elles ont eu à s'exercer sur les peuplements ou des plantations appartenant à des Européens qui les ont aimablement mises à la disposition des chercheurs. Le repérage, dans la palmeraie indigène, sera beaucoup moins aisé que dans les peuplements Dahoméens.

Le repérage des sujets permet donc, après les éliminations provoquées par les analyses, de conserver seulement les plus intéressants dont la productivité sera suivie, pendant le temps nécessaire, pour juger de leur maintien comme porte-graines ou de leur abandon.

Cette première opération réalise donc le but qui consiste à choisir, dans le peuplement examiné, tous les palmiers qui, à première vue, peuvent présenter un intérêt économique. Mais ce *choix préalable* qui ne repose que sur des *caractères visuels*, et sur un *examen sommaire*, doit être ratifié tout d'abord par l'analyse physique qui anéantit les apparences trompeuses et, d'ordinaire, réduit considérablement, en pratique, le nombre d'Elæis qui paraissaient intéressants.

B. Analyse physique

L'analyse physique a pour but de déterminer la composition centésimale des divers organes du régime et du fruit en faisant ressortir plus particulièrement les pourcentages des matières utiles et en mettant en évidence les défauts particuliers de quelques régimes.

Une méthode unique est employée dont il importe de donner les détails opératoires pour éclaircir l'interprétation des résultats, condensés par la suite en tableaux.

1° Etude du régime

Si la récolte de la même journée donne plusieurs régimes mûrs sur un même Elæis, l'étude physique est faite sur l'ensemble des régimes et se rapporte à une moyenne.

Les régimes provenant d'un palmier repéré, mais qui présentent une malformation accidentelle, sont simplement pesés, mais sans étude.

L'étude du régime porte sur trois points :

a) *Description du régime* :

Forme.

Abondance, affleurement ou débordement des épines.

Dimensions : longueur, largeur, épaisseur.

Poids.

Le récolteur, lorsqu'il détache le régime, coupe le pédoncule à peu près à mi-distance du point d'attache de celui-ci, au stipe d'une part, et au régime d'autre part. Il en résulte que certains pédoncules sont très longs, d'autres très courts et ces variations sont irrégulières ; elles pourraient donc entraîner des erreurs pour la détermination du poids si la longueur n'en était réglementée. Pour maintenir des conditions comparables, entre les diverses déterminations, il a paru nécessaire de sectionner le pédoncule suivant un plan *tangent à la surface de base* du régime.

Cette pratique ne concorde pas avec les conditions ordinaires de la récolte, mais c'est une nécessité analytique dont l'observation est nécessaire pour obtenir des pourcentages de fruits comparables entre eux.

L'observateur est accompagné d'une balance et procède, dans le peuplement même, à la pesée des régimes préparés comme il vient d'être indiqué. Les pertes d'humidité du pédoncule et de la rafle sont, en effet, très importantes surtout pendant la journée qui suit le sectionnement. Il y a donc lieu d'éviter ou de restreindre cette erreur par une détermination rapide du poids qui laisse ensuite le temps nécessaire à la dissection du régime puisque les poids de rafle et de pédoncule seront obtenus par différence.

b) *Détermination des pourcentages de fruits et de rafle* :

Pour faciliter la séparation des fruits, les régimes mûrs sont très légèrement humectés et laissés pendant une nuit recouverts et enveloppés de sacs, ce qui maintient une atmosphère humide favorisant la chute des fruits et évitant, de leur part, toute perte d'humidité par évaporation.

Les fruits d'un même régime sont assez différents de forme, de couleur, de composition physique ; il y a donc lieu de les séparer dès le début en trois catégories :

Les fruits *périphériques* sont ceux qui tombent seuls ou simplement à l'aide d'un bâtonnet.

Les fruits *internes* sont ceux qui résistent à ce premier enlèvement et qu'on n'obtient que par la dissection du régime.

Les fruits *parthénocarpiques* sont des fruits avortés, sans amande, généralement de très petite taille, peu colorés, provenant surtout de la base des épillets, rarement du milieu ou de l'extrémité de ceux-ci. Ces fruits sont sans valeur économique ; ils sont d'une extraction très difficile et doivent être exclus pour l'obtention de l'huile. Ils présentent un intérêt analytique car, dans certains sujets, en raison de leur abondance, ils provoquent une neutralisation importante.

La distinction entre les fruits périphériques et les fruits internes n'est pas absolument artificielle, la méthode employée sépare assez nettement des fruits à couleur et à forme extérieure différentes ; leur composition physique est loin d'être uniforme et leur teneur en huile sera certainement aussi très variable.

Et ces faits montrent l'imprudence qu'il y aurait à choisir des sujets sur un simple examen de fruits prélevés sur la périphérie du régime, comme on est souvent trop porté à le faire.

Les trois catégories de fruits sont pesés séparément et leur total déduit du poids primitif du régime frais donne, par différence, le poids de rafle.

Les pourcentages de rafle, de fruits périphériques, de fruits internes, et de fruits parthénocarpiques, par rapport au régime, sont calculés d'après les poids ainsi obtenus.

c) *Etude des Epillets* :

L'étude des épillets a un caractère documentaire : elle doit cependant être consignée car la nature plus ou moins épineuse du régime est un défaut plus ou moins grave dans les opérations industrielles.

Les observations comportent la description d'un épillet moyen, longueur, largeur, épaisseur, imbrication des fruits, abondance des fruits parthénocarpiques, longueur et force de l'épine terminale et des épines secondaires.

Ces renseignements sont utiles pour juger des modifications qui pourront se produire dans l'avenir et pour rejeter, dans un cas douteux, un palmier à régimes trop épineux.

2º Etude des fruits

La proportion des fruits périphériques étant assez variable, par rapport à la proportion de fruits internes, il ne serait pas suffisamment rigoureux d'opérer sur un échantillon moyen ; la nécessité d'une étude spéciale de chacune des deux catégories s'impose. Elle est d'autant plus justifiée que même au point de vue physique, on observe, parfois, des différences moyennes de compositions très appréciables.

La marche des opérations est, du reste, la même dans les deux cas.

a) Fruits périphériques

Les indications prises sont les suivantes :

1. — Forme du fruit.

Il faut se mettre en garde contre la multiplicité des formes de fruits qui sont souvent variables dans le régime lui-même. Il importe de sacrifier, à la simplicité et à la clarté, et d'adopter un code concis des formes caractéristisque aussi bien pour les fruits que pour les noix et les amandes. C'est peut-être là une adaptation conventionnelle, mais elle a l'avantage d'éviter des descriptions trop longues et peu précises ; elle est, du reste, corrigée par la conservation d'échantillons en bocaux.

2. — Couleur du fruit.

L'indication des colorations mentionne également les fractions de superficies de chaque coloration.

3. — Nombre de fruits provenant du régime.

4. — Poids moyen d'un fruit.

4. — Dimensions.

Un échantillon de vingt fruits est constitué en s'appuyant

sur le poids moyen d'un fruit obtenu précédemment. Il faut, en effet, éviter soigneusement de se fier à la vue pour la constitution d'un lot moyen de fruits ; on aboutit toujours à des échantillons au-dessus de la moyenne ; c'est la balance seule qui peut conduire à l'exactitude. Les fruits sont mesurés dans trois sens : longueur, largeur, épaisseur, déduction faite, pour la première, de la longueur du stigmate qui fait souvent défaut.

6. — Mensurations en coupe transversale et en coupe longitudinale.

Les vingt fruits, précédemment mesurés, sont divisés en deux lots égaux. Les fruits du premier sont sectionnés en coupe transversale, les fruits du second en coupe longitudinale.

Pour les fruits sectionnés en coupe transversale, on note successivement en millimètres, suivant un diamètre moyen : l'épaisseur du péricarpe, l'épaisseur de la coque, le diamètre moyen de l'amande, l'épaisseur de la coque et l'épaisseur du péricarpe qui donneront les moyennes exactes.

Pour les fruits sectionnés en coupe longitudinale, on note successivement en millimètres suivant le grand axe du fruit : l'épaisseur du péricarpe, l'épaisseur de la coque, le grand axe de l'amande, l'épaisseur de la coque et de son bec souvent très développé, l'épaisseur du péricarpe de base. Les moyennes sont moins intéressantes que dans le cas précédent, cette coupe a surtout pour but de déceler l'importance du bec ou rostre de la noix.

b) Fruits internes

Les mêmes observations sont exactement faites pour les fruits internes ; si les fruits sont de petite taille, on en augmente le nombre dans l'échantillon moyen destiné aux mensurations.

La forme des fruits est presque toujours pyramidale dans son ensemble, la compression tendant à établir des faces plates, aussi, la physionomie des fruits est-elle, assez régulière et souvent difficile à déterminer exactement.

c) Analyse physique des fruits

Cette opération a pour but de donner tout d'abord les pourcentages de péricarpe, de coque et d'amande en agissant séparément sur les fruits périphériques et sur les fruits internes.

La prise d'échantillon doit être ici très rigoureuse. Au Dahomey, où les fruits sont relativement petits, on opère sur un échantillon de 250 grammes, obtenu comme il a été recommandé précédemment, en se basant sur le poids moyen du fruit. En général, ce poids correspond à 40 ou 50 fruits périphériques, et à 60 ou 75 fruits internes, ce qui représente un lot suffisamment important en nombre.

A la Côte d'Ivoire, où les fruits sont notablement plus gros et où les variations de compositions paraissent plus marquées, il faut augmenter le poids de l'échantillon moyen et le porter à 500 grammes ou 700 grammes suivant le cas.

Très rapidement, les fruits sont soigneusement dépecés au couteau, de façon à séparer complètement le péricarpe et les fibres de la noix. Cette opération ne va pas sans pertes pour le péricarpe : évaporation et huile adhérente aux mains de l'opérateur ; aussi, n'est-il pas fait de pesée directe du péricarpe dont on obtient le poids par différence entre le poids initial des fruits et le poids des noix que l'épluchage vient d'isoler.

Les noix sont alors mises à sécher en évitant, autant que possible, une situation trop ensoleillée. Il est, en effet, nécessaire de recourir à une dessication partielle de la noix, qui décolle l'amande à l'intérieur et en permet ensuite une extraction sans pertes. L'ouverture de la noix, à l'état frais, est impraticable, car l'amande se divise en parcelles adhérentes aux fragments de coques qu'il n'est pas pratiquement possible de récupérer avec certitude.

Les noix sont cassées aussi rapidement que possible et les amandes sont pesées aussitôt. Le poids de coque s'obtient par différence entre le poids des noix fraîches et le poids d'amandes qui vient d'être obtenu.

Ce mode opératoire, imposé par la pratique, ne laisse qu'un léger doute sur son exactitude absolue ; on peut admettre, sans erreur sensible, que l'amande ne subit pas de perte d'humidité pendant la durée de dessication de la noix.

Les pesées sont faites, les pourcentages de péricarpe, de coque et d'amandes sont calculées pour les fruits périphériques et pour les fruits internes.

La composition moyenne du fruit normal en est ensuite déduite facilement en tenant compte des proportions inégales des fruits périphériques et des fruits internes.

d) Mensuration des noix et des amandes

Les échantillons qui ont été employés pour l'analyse physique servent, en même temps, à l'étude des noix et des amandes pour les fruits périphériques et pour les fruits internes.

Les observations suivantes sont faites :

1° *Noix* :

a) Description, forme, présence et accentuation du bec, pores de germination ;

b) Poids moyen ;

c) Dimensions.

(Les dimensions sont prises sur un échantillon moyen de 10 noix prélevé à la balance d'après le poids moyen. En général, il suffit de se borner à deux mensurations : la longueur et la plus petite dimension transversale. Ce sont des renseignements documentaires pour la comparaison avec les descendants.)

2° *Amandes* :

a) Description, forme ;

b) Poids moyen.

(Dans le cas où l'échantillon renferme des noix à plusieurs amandes, il en est fait mention en citant le nombre d'amandes obtenues par rapport au nombre de noix étudiées. Dans ce cas, l'inscription comporte : le poids moyen d'amandes par fruit et le poids moyen absolu d'une amande, ce dernier étant plus faible puisqu'il y a plus d'amandes que de noix.)

c) Dimensions ;

(Les dimensions sont prises sur un échantillon moyen de 10 amandes, prélevé à la balance, d'après le poids moyen. Il suffit de prendre les deux dimensions extrêmes.)

4° Observations sur la coque.

L'examen des brisures de coque vient compléter les indications fournies par les coupes transversales et longitudinales.

Cette étude, des noix et des amandes, n'a pas seulement un intérêt documentaire ; elle intervient dans l'adoption ou le rejet de sujets dont l'analyse n'avait pas suffisamment mis les défauts en lumière et particulièrement celui de la petitesse des amandes.

Toutes ces indications, les seules que l'on puisse enregistrer jusqu'au moment de l'installation des laboratoires, sont reportées sur des états signalétiques établis pour chaque étude de régime, et forment, au fur et à mesure des examens successifs, un dossier propre à chaque palmier repéré.

L'ensemble de ces documents sera reporté sur un grand livre où tous les renseignements complémentaires seront, en outre, consignés ; ce sera le Grand Livre généalogique des palmiers des Stations.

Interprétation des résultats d'analyse physique

Les résultats fournis par l'analyse physique et les renseignements consignés dans les états signalétiques sont reportés sur deux tableaux A et B qui seront complétés plus tard par un tableau relatant les conclusions de l'analyse chimique et de l'essai à la presse hydraulique.

Tableau A (1)

La colonne 1 indique la désignation simplifiée du palmier et les numéros des régimes étudiés provenant de ce palmier.

La colonne 2 est réservée au nom vernaculaire.

La colonne 3 portera l'inscription du nom botanique quand il pourra être rigoureusement déterminé.

La colonne 4 donne le nom du propriétaire et l'emplacement de la palmeraie.

La colonne 5 donne l'âge supposé pour les palmiers spontanés où l'âge exact pour les palmiers de plantation.

La colonne 6 indique l'état d'aménagement dans lequel se trouvait le palmier lors de la première récolte.

(1) Ce tableau est publié à la fin du chapitre II : « Recherches et Sélection au Dahomey », par A. Houard.

Les colonnes 7 et 8 sont relatives à la production. La colonne 7 se rapporte à la première impression d'un palmier nouvellement repéré ou d'un palmier qu'on ne peut récolter régulièrement. La colonne 8, au contraire, doit enregistrer le total exact des régimes cueillis au cours des prélèvements successifs.

La colonne 9 permet l'inscription de toutes les observations particulières ; si le palmier présente un défaut capital, la consignation en est faite à l'encre rouge.

Les colonnes 10 à 16 visent l'étude générale du régime :

Colonne 10 : date de la récolte du régime.

Colonne 11 : poids du régime.

Colonne 12 : $\frac{\text{poids de rafle}}{\text{poids du régime}}$ donnant le pourcentage de rafle qui a une grosse importance dans l'évaluation de la valeur économique du sujet, importance qui sera mise en relief dans la colonne 46.

Colonne 13 : 100 — colonne 12, donne le pourcentage de fruits totaux compris dans le régime.

Colonne 14 : $\frac{\text{poids de fruits parthénocarpiques}}{\text{poids du régime}}$

Colonne 15 : $\frac{\text{poids de fruits périphériques}}{\text{poids du régime}}$

Colonne 16 : $\frac{\text{poids de fruits internes}}{\text{poids du régime}}$

Les colonnes 14, 15 et 16 donnent les pourcentages de fruits parthénocarpiques, périphériques et internes par rapport au poids total du régime.

Les colonnes 17, 18 et 19 donnent la répartition % des fruits parthénocarpiques, périphériques et internes par rapport au poids des fruits totaux.

Colonne 17 : $\frac{\text{colonne 14} \times 100}{\text{colonne 13}} =$

cette inscription a une influence notable dans l'évaluation de la valeur économique du sujet, c'est elle qui sert de base pour les déterminations de la colonne 45.

Colonne 18 : $\frac{\text{colonne 15}}{\text{colonne 13}} \times 100 =$

Colonne 19 : $\frac{\text{colonne 16}}{\text{colonne 13}} \times 100 =$

TABLEAU B (1)

L'étude complète des fruits normaux, c'est-à-dire déduction faite des fruits parthénocarpiques, est concentrée dans les colonnes 21 et 34 comprenant les mesures de longueur et le poids des fruits et des amandes.

Fruits périphériques :

Colonne 21 : forme des fruits périphériques et des fruits internes.

Colonne 22 : poids des fruits périphériques.

Colonne 23 : épaisseur moyenne du péricarpe en coupe transversale.

Colonne 24 : épaisseur maxima du péricarpe en coupe longitudinale.

Fruits internes :

Colonne 25 : poids d'un fruit interne.

Colonne 26 : épaisseur moyenne du péricarpe en coupe transversale.

Colonne 27 : épaisseur maxima du péricarpe en coupe longitudinale.

Colonne 28 : Poids moyen d'un fruit normal du régime.

$$\frac{\text{Poids total des fruits normaux}}{\text{Nombre total des fruits normaux}}$$

Les colonnes 29 à 34 se rapportent aux mensurations des noix et des amandes.

Fruits périphériques :

Colonne 29 : épaisseur moyenne de coque en coupe transversale.

Colonne 30 : épaisseur maxima de coque en coupe longitudinale.

(1) Ce tableau est publié à la fin du chapitre II : « Recherches et Sélection au Dahomey », par A. HOUARD.

Colonne 31 : poids moyen d'amandes par fruit.

Fruits internes :

Colonne 32 : épaisseur moyenne de coque en coupe transversale.

Colonne 33 : épaisseur maxima de coque en coupe longitudinale.

Colonne 34 : poids moyen d'amande par fruit.

Il n'est pas utile d'encombrer ce tableau des dimensions des coques et des amandes ; les épaisseurs de coques et le poids moyen d'amande suffisent pour l'examen.

Les colonnes 35 à 40 donnent les résultats de l'analyse mécanique des fruits.

Fruits périphériques :

Colonne 35 : péricarpe %.

Colonne 36 : coque %.

Colonne 37 : amande %.

Fruits internes :

Colonne 38 : péricarpe %.

Colonne 39 : coque %.

Colonne 40 : amande %.

Les deux derniers groupements : analyse mécanique moyenne et coefficients physiques sont la conclusion de la plupart des inscriptions précédentes et servent de base pour l'application.

L'analyse mécanique moyenne, colonnes 41, 42 et 43, donne la composition moyenne des fruits normaux en péricarpe, coque et amande en tenant compte des proportions différentes de fruits périphériques et de fruits normaux. Les inscriptions s'obtiennent de la façon suivante :

Colonne 41 : multiplier colonne 35 par colonne 18
» » 38 » 19
Totaliser......

et diviser par colonne 18, colonne 19.

Colonne 42 : multiplier colonne 36 par colonne 18
» » 39 » 19
Totaliser......

et diviser par colonne 18, colonne 19.

Colonne 43 : multiplier colonne 37 par colonne 18
» » 40 » 19

Totaliser......
et diviser par colonne 18, colonne 19.

Les résultats inscrits dans ces trois colonnes donnent la valeur absolue des fruits normaux, c'est-à-dire leur valeur d'usine au moment de la mise en traitement, mais ils ne donnent pas, avec exactitude, l'appréciation économique du régime, car ils ne tiennent compte ni des fruits parthénocarpiques, ni de la râfle du régime qui sont cause de neutralisations dont il faut tenir grand compte. C'est dans ce but qu'il a été nécessaire de déterminer trois coefficients physiques dont la nature éclaire immédiatement sur la composition des régimes.

Les parties utiles du fruit sont le péricarpe et l'amande, la sélection doit se préoccuper de rechercher le maximum de ces éléments ou, tout au moins, la limite au-dessous de laquelle ils ne sauraient descendre. Il faut remarquer, en effet, que la neutralisation provoquée par la coque est obligatoire et qu'elle ne doit pas être trop faible sous peine de craindre la dégénérescence. Le coefficient physique des fruits normaux, colonne 44, fixera ces limites. Il est obtenu en additionnant les pourcentages de péricarpe et d'amande obtenus dans les colonnes 41 et 43 de l'analyse mécanique moyenne des fruits normaux.

Ce premier coefficient correspond uniquement aux fruits normaux, provenant d'un triage parmi les fruits totaux, et n'est pas influencé par les fruits parthénocarpiques. Il n'aurait donc qu'une valeur absolue de théorique s'il n'était corrigé en le rapportant à la masse totale des fruits, fruits parthénocarpiques compris. Le coefficient physique, par rapport aux fruits totaux, colonne 45, répond à ce but ; il est obtenu par le calcul suivant :

Multiplier colonne 44 par (100 — colonne 12).
ou plus simplement :

Multiplier colonne 44 par colonne 13.

Ces tableaux, déjà fort longs, fussent devenus démesurés et

peu lisibles s'il eût fallu y consigner toutes les indications. Leur examen et celui des renseignements inscrits sur les feuillets signalétiques des palmiers doivent être simultanés.

Les tableaux A et B donnent, en effet, les chiffres caractéristiques des régimes, mais ce sont le plus souvent les moyennes qui peuvent dissimuler les défauts et surtout celui du manque d'homogénéité qui a son importance. La consultation des feuillets signalétiques permettra, avec ses indications étendues, de parer à cette faiblesse.

Interprétation des résultats

Le premier examen doit avoir pour but de rejeter les palmiers qui présentent un défaut grave, un vice rédhibitoire et dont la présence serait, par conséquent, dangereuse dans le peuplement sélectionné.

Après cette élimination primordiale, on se trouvera en présence de deux types :

1° Les sujets bénéficiant d'un ou de plusieurs caractères remarquables qui les désignent comme porte-graines pour l'obtention de palmiers purs à exploiter pour leur productivité directe ou comme palmiers à conserver pour l'hybridation, en raison du développement de l'une de leurs qualités.

2° Les sujets moyens dont les caractères heureux ne sont pas suffisamment accentués pour qu'ils s'imposent nettement à la sélection. Ils seront repérés et suivis, surtout s'ils sont très jeunes, mais ne devront être pris comme porte-graines que si leur évolution fait apparaître une ou plusieurs qualités. Il ne faut pas, dès le début surtout, s'encombrer d'un trop grand nombre de sujets à *peu près bons* : ce serait créer une situation obscure où les observations nécessairement trop nombreuses finiraient par constituer une masse de documents inutilisables.

De toute façon, même si certains d'entre eux peuvent donner lieu à quelques semis en pépinière, la mise en place ne sera effectuée que si la sélection, faite postérieurement, n'a pas fait apparaître de sujets plus intéressants. Le fait d'avoir obtenu des plants n'indique nullement la nécessité de les mettre en plantation.

En principe, la sélection ne devrait aboutir qu'à un nombre très restreint de types se bornant à quelques unités. Dans la pratique, et surtout au début, on se trouvera dans l'obligation de multiplier ce nombre qui se réduira dans l'avenir par éliminations successives.

L'ensemble des recherches doit aboutir à :

1/10e de sujets présentant un caractère dominant les amandes.

1/10e de sujets représentant le meilleur équilibre entre le péricarpe, la coque et l'amande.

1/10e de sujets à prédominance marquée du péricarpe.

1/10e de sujets présentant une particularité dont l'utilisation paraît possible comme l'hermaphrodisme des épillets.

La première et la troisième catégories sont destinées à fournir des sujets d'hybridation pour l'amélioration de la composition moyenne de la deuxième catégorie.

Le coefficient physique des fruits normaux (colonne 44 du tableau B) ne doit pas être pris dans son sens absolu. Il indique la qualité de matière utile contenue dans 100 parties de fruit et il semblerait, à première vue, que son maximum d'élévation dût correspondre à un maximum de qualités. Il n'en est rien ; il ne constitue qu'une indication de récapitulation d'une partie seulement des renseignements inscrits. Il doit, dans l'examen d'appréciation, être tout d'abord influencé par le coefficient physique des fruits totaux, qui les réduit plus ou moins notablement, selon que les fruits parthénocarpiques sont plus ou moins abondants (ceux-ci étant considérés comme nuls au point de vue pratique et par le coefficient physique des régimes qui tient compte du poids mort de la râfle et des épillets de valeur négative au point de vue économique).

Le cœfficient physique des fruits normaux dépasse fréquemment 80 dans les régimes choisis de la Côte d'Ivoire, mais le plus souvent la presque totalité est constituée par le péricarpe, au détriment de la noix et de l'amande. La noix est petite, la coque mince et l'amande très réduite. On se trouve en présence de palmiers qui dégénèrent au point de vue fécondité ; la noix diminue en attendant que quelques générations la fassent disparaître. C'est un acheminement vers la disparition de l'espèce, puisque le semis est le seul mode de multiplication du palmier à huile. Il ne faut donc pas se laisser influencer par l'élévation du coefficient physique des fruits normaux; il est bon de le disséquer et d'en examiner les parties constitutives.

Est-il possible de déterminer une composition type du fruit qui donne toute satisfaction au point de vue de la conservation de l'espèce et au point de vue économique ? Cela est douteux, tout au moins pour une fixation absolue, mais j'estime qu'une composition idéale serait la suivante :

Péricarpe	60 %
Coque	20 %
Amande	20 %

Cette composition s'est trouvée réalisée au Dahomey, dans le régime L 10 i, qui a donné :

Péricarpe	59,9 %
Coque	20,1 %
Amande	20,0 %

Ce serait une erreur que de chercher à réduire la coque outre mesure, car on risquerait de sélectionner des arbres en voie de dégénérescence régulière. On ne peut admettre une valeur notablement inférieure à 20 % qu'à condition que le pourcentage d'amande soit élevé et surtout que les amandes soient grosses. C'est le cas d'un Dé-Gbakoun de Porto-Novo, le JI, qui donne :

Péricarpe	63,2 %
Coque	17,4 %
Amande	19,4 %

Le chiffre de coque est faible mais ce n'est pas au détriment de la noix, car les amandes des fruits périphériques pèsent 1 gr. 3 et les amandes des fruits internes, 1 gr. 2. Ce n'est pas là un cas de dégénérescence de la noix, mais seulement un amincissement de la coque plus spécialement dans les épaississements des extrémités.

Les coefficients physiques permettent donc de faire une première élimination facile des sujets dont la totalité de matières utiles est trop faible soit par rapport aux fruits totaux, soit par rapport aux régimes. Ce qui intéresse le plus le sélectionneur, c'est la ***totalisation*** des deux coefficients relatifs aux fruits totaux et aux régimes qui ont une réelle valeur industrielle et il serait utile de pouvoir fixer, pour ce total, un minimum d'exclusion des sujets étudiés.

L'expérience montre l'impossibilité de fixer une limite qui soit exclusive ; elle ne peut être envisagée que comme un *repère* qui attire immédiatement l'attention du sélectionneur et lui permet de juger plus rapidement de la valeur d'ensemble du sujet, l'étude détaillée conduit parfois à rejeter des palmiers à coefficient total élevé et, au contraire, à conserver certains d'entre eux qui n'atteignent qu'un coefficient relativement faible, mais qui rachètent cette défaillance par une qualité exceptionnelle. C'est surtout la grosseur de l'amande qui intervient comme correctif dans les deux sens, car il faut, avant tout, se préoccuper de la conservation de l'espèce et du maintien en proportions normales, des deux parties utiles : le péricarpe et l'amande.

Donc, en résumé, l'interprétation des résultats comprendra les examens suivants :

1° Du coefficient total par rapport au coefficient limite qui sera adopté dans chacune des deux colonies, donnant une première impression sur la valeur industrielle du sujet ;

2° Consultation de la composition physique du fruit qui peut déceler un défaut grave, malgré un coefficient élevé, celui d'une prédominance exagérée du péricarpe, par rapport aux amandes, fait très fréquent en Côte d'Ivoire ;

3° Consultation de la grosseur des amandes qui, dans le cas qui vient d'être signalé, indique le plus souvent une insuffisance manifeste de la taille des amandes et, par conséquent une tendance à l'avortement progressif ;

4° Consultation de l'épaisseur des coques et de leur facilité à la rupture ;

5° Consultation de l'aspect de la grosseur et du caractère plus ou moins épineux du régime.

L'ensemble de ces observations déterminera les palmiers à rejeter, à suivre ou à conserver pour la sélection en se rapportant à la proportion prévue de types normalement constitués de types à péricarpe et de types à amandes. Elles seront consignées sur un feuillet joint à l'état signalétique du palmier et seront conservées aux archives.

Ce premier choix, le seul possible actuellement, devra être ratifié par l'analyse chimique, par l'essai à la presse hydraulique, et par la détermination de la productivité étagée sur deux à trois ans au moins.

En application de ces prospections la sélection a été poursuivie, régulièrement, pendant toute l'année 1922, à la Côte d'Ivoire et pendant un mois seulement au Dahomey. Ses résultats en sont consignés dans les deux études qui seront publiées ultérieurement.

CHAPITRE II

Recherches et Sélection du Palmier à Huile au Dahomey en 1922

Les recherches, concernant la sélection primaire du Palmier à huile, n'ont pu qu'être ébauchées, à Pobé, en 1922. L'abondance des travaux urgents de première installation : habitations, laboratoire, premiers défrichements, et la réduction du personnel européen n'ont permis qu'un premier examen de la région de Porto-Novo, en 1922.

En 1923, les premiers palmiers de Porto-Novo, repérés, sont suivis, et la prospection s'étend surtout sur la région fort intéressante de Banigbé-Lagbé où les Elæis font preuve d'une vigueur particulière, et sur la région d'Adja-Oukré.

Les résultats obtenus sont donc encore restreints, et ne s'appliquent qu'à une petite partie de la banlieue de Porto-Novo, mais cependant sur 31 palmiers étudiés et retenus, après un premier choix rigoureux, 14 méritent d'être conservés du moins provisoirement ; c'est là une proportion très élevée qui provient de ce que les peuplements anciens d'Elæis, du pourtour de Porto-Novo, ont déjà subi, de la part de leurs propriétaires, une sélection partielle qui a éliminé pas mal de sujets trop pauvres ou à défauts graves.

Le mode opératoire adopté est celui qui a été indiqué précédemment ; il permet des recherches rapides et faciles.

Classement des Palmiers

Le classement de dénomination des palmiers, en ce qui concerne la descendance du *Dé-Yaya* tout au moins, est emprunté aux dénominations dahomeyennes citées précédemment.

Le caractère dominant qui préside aux variations de composition des fruits du groupe ***Dé-Yaya*** est celui de l'importance de la coque qui, en passant du ***Dé-Yaya*** par les stades ***Dé-Kla*** et ***Dé-Gbakoun***, finit par disparaître dans le ***Votchi***. Il eût donc paru naturel d'opérer le cloisonnement d'après les épaisseurs de coque mais on se heurte à une difficulté pratique qui demande d'y renoncer. La coque peut être très mince, en coupe transversale, mais présenter en coupe longitudinale des épaississements parfois importants qui enlèvent à la coque une partie de son caractère de légèreté. Comme il s'agit en réalité de coque toujours relativement faible, il est beaucoup plus exact de délaisser la mesure linéaire et de lui substituer la mesure en poids qui fera ressortir, en bloc, la somme exacte des qualités et défauts de la coque.

Dans ces conditions, j'ai été conduit à établir une gradation reposant sur le pourcentage de coque, et qui conduit à l'énumération suivante, toute d'appréciation personnelle :

Coque très mince, 20 %, du fruit ***Dé-Gbakoun*** ;
Coque mince, de 20 % à 25 %, du fruit ***Dé-Gbakoun*** × ***Dé-Kla*** ;
Coque moyenne, de 25 % à 30 %, du fruit ***Dé-Kla*** ;
Coque épaisse, 30 %, du fruit ***Dé-Yaya***.

Il n'est pas tenu compte du ***Votchi*** qui est à rejeter par la sélection, ni des formes transitoires entre le ***Votchi*** et le ***Dé-Gbakoun*** où une proportion élevée des fruits est dépourvue de noix normalement constituées. Il est intéressant d'établir, dès maintenant, les caractéristiques de ces divers groupes au point de leur constitution type, de leurs coefficients moyens, tout en ne leur donnant qu'un caractère provisoire qui aurait besoin d'être renforcé par un grand nombre d'analyses.

1° Coque très mince, 20 %, groupe *Dé-Gbakoun*

La moyenne des analyses donne la composition suivante en

excluant les formes intermédiaires entre le *Votchi* et le *Dé-Gbakoun* renfermant une proportion élevée de fruits développés, mais ne possédant pas une noix normalement constituée :

Péricarpe	65,0 %
Coque	17,9 %
Amande	17,1 %

La production moyenne des fruits parthénocarpiques est de 8,8 %.

La proportion moyenne de râfle est de 44,4 %.

Le poids moyen des régimes étudiés est de 9 kg. 390.

La composition moyenne du fruit est excessivement voisine de celle que Savariau avait obtenue quand il a mis *Dé-Gbakoun* en lumière.

Il indiquait ainsi :

Péricarpe	65,47 %
Coque	17,23 %
Amande	16,93 %

Les coefficients physiques s'établissent ainsi :

Aux fruits normaux..................	82,1

Les coefficients par rapport aux fruits totaux :

Au régime..........................	45,6
Coefficient total......................	120,5

2° Coque mince, 20 à 25 %, groupe *Dé-Gbakoun, Dé-Kla*

La moyenne des analyses donne la composition suivante :

Péricarpe	60,1 %
Coque	23,4 %
Amande	16,5 %

La proportion moyenne de fruits parthénocarpiques est de 5 %.

La proportion de râfle est de 41,4 %.

Le poids moyen des régimes étudiés est de 8 kg. 400.

C'est donc une forme renforcée en coque de *Dé-Gbakoun* par diminution du péricarpe et des amandes.

Les coefficients physiques s'établissent ainsi :

Coefficient par rapport aux fruits normaux...	76,6
Coefficient par rapport aux fruits totaux.....	72,8
Coefficient par rapport au régime...........	45,7
Coefficient total.........................	118,5

3° Coque moyenne, 25 à 30 %, groupe ***Dé-Kla***

La moyenne des analyses donne la composition suivante :

Péricarpe	55,9 %
Coque	27,3 %
Amande	16,8 %

La proportion de fruits parthénocarpiques est de 6,7 %.
La proportion de râfle est de 42,6 %.
Le poids moyen des régimes étudiés est de 7 kg. 400.
Les coefficients physiques s'établissent ainsi :

Coefficient par rapport aux fruits normaux...	72,7
Coefficient par rapport aux fruits totaux.....	67,8
Coefficient par rapport au régime...........	41,7
Coefficient total.........................	109,5

4° Coque épaisse, 30 %, groupe ***Dé-Yaya***

Les quelques échantillons de ***Dé-Yaya*** qui ont été étudiés ont une valeur bien supérieure à la moyenne du groupe car ils n'étaient envisagés que pour la sélection comme hybridateurs d'amandes. Ils représentent donc une élite du peuplement si considérable de ***Dé-Yaya.***

La moyenne des analyses donne la composition suivante :

Péricarpe	43,8 %
Coque	38,0 %
Amande	18,2 %

La proportion de fruits parthénocarpiques est de 3,8 %.
La proportion de râfle est de 44,5 %.
Le poids moyen des régimes étudiés s'élève à 9 kg. 436.

Les coefficients physiques s'établissent ainsi :

Coefficient par rapport aux fruits normaux....	62,0
Coefficient par rapport aux fruits totaux......	50,0
Coefficient par rapport au régime............	34,4
Coefficient total.........................	94,0

Tel est, d'après l'étude d'un premier lot d'échantillons, l'aspect moyen et la valeur économique de chaque groupe.

Les deux premiers ont une valeur industrielle complète bien plus élevée que celle des deux derniers dans lesquels on ne doit rechercher que des sujets d'hybridation pour la conservation de l'intégrité des noix et des amandes.

On ne peut tirer aucune déduction de spécialisation entre les poids de régimes, ni entre les poids de râfles qui voisinent trop étroitement, et du reste elle serait prématurée sur un nombre aussi restreint d'examens. Tout au plus peut-on assurer que la proportion de fruits parthénocarpiques va en augmentant au fur et à mesure qu'on s'éloigne de la forme originelle, affirmation qu'il était possible de donner *a priori*.

ÉTUDE COMPARATIVE DE LA CONSTRUCTION DE FRUITS PÉRIPHÉRIQUES ET DES FRUITS INTERNES

1° Composition centésimale

Il est important, au point de vue documentaire et au point de vue de la sélection, d'examiner les différences de construction des fruits périphériques et des fruits internes, et de voir s'il est possible d'établir les règles générales concernant des variations.

Les variations de forme et de coloration sont du même ordre dans tous les régimes. Le poids des fruits internes est plus faible, la forme est irrégulière et non semblable à celles des fruits périphériques, la compression des épillets crée des plans entraînant une forme pyramidale tout au moins vers l'extrémité. La coloration est le plus souvent uniforme, à une seule teinte, plus claire que la teinte définitive des fruits périphériques.

Mais en dehors de ces divergences d'ordre extérieur, on observe des variations de constitution parfois très accentuées chez certains individus.

En conservant le groupement précédemment admis, les observations ont donné les résultats suivants :

Premier groupe : *Dé-Gbakoun*

Les fruits internes présentent, par rapport aux fruits périphériques, les différences suivantes de pourcentage :

Péricarpe	—4,7 %
Coque	1,1 %
Amandes	3,6 %

Les extrêmes constatés se rapportent à — 8 % de péricarpe, +3,2 % de coque et +5,5 % d'amandes.

Dans un cas, le pourcentage de coque n'a pas varié et, dans un autre cas, il s'est montré inférieur à celui des fruits périphériques ; mais cette dernière constatation ne s'est pas produit sur un deuxième régime du même palmier.

Deuxième groupe : *Dé-Gbakoun* × *Dé-Kla*

Les fruits internes présentent, par rapport aux fruits périphériques, les différences suivantes de pourcentage :

Péricarpe	—5,3 %
Coque	+1,5 %
Amandes	+3,8 %

Les extrêmes constatés sont de —8,8 % de péricarpe, +4,0 % de coque et + 6 % d'amandes.

Dans trois cas, le pourcentage de coque s'est montré inférieur à celui des fruits périphériques, mais dans une très faible proportion.

Troisième groupe : *Dé-Kla*

Les fruits internes présentent, par rapport aux fruits périphériques, les différences suivantes de pourcentage :

Péricarpe	—6,5 %
Coque	+2,0 %
Amandes	+4,5 %

Les extrêmes constatés sont de —13,2 % de péricarpe, +7,8 % de coque et +6,8 % d'amandes.

Dans deux cas, le pourcentage de coque est resté invariable, dans un cas il a diminué notablement —3,4 %.

Quatrième groupe : *Dé-Yaya*

Les observations sont peu nombreuses et les palmiers étudiés sont déjà éloignés du *Dé-Yaya* naturel. Les variations sont faibles et divergentes d'un sujet à l'autre. Une moyenne, établie sur 5 arbres, accuse, pour les fruits internes, des différences de —0,7 % pour le péricarpe, de —2,4 % pour la coque et de +3,1 % pour les amandes. Dans l'ensemble, on constate donc :

1º Que les fruits internes sont moins riches en péricarpe que les fruits périphériques dans les proportions qui peuvent être élevées 10,4 % sur 63,2 % dans le L 8 ;

2º Que la coque est plus abondamment représentée et que cet accroissement peut atteindre 6,0 % sur 25,2 % dans le L 8 ;

3º Que les amandes bénéficient, par contre, d'une augmentation sur celles des fruits périphériques qui peut atteindre 6,0 % sur 12,8 % dans le M 6.

On perçoit donc nettement l'imprudence que commettrait le sélectionneur qui se contenterait de prélever un échantillon superficiel au lieu d'opérer sur un véritable prélèvement moyen préparé, comme il l'a déjà été dit.

Un exemple, fourni par le L 2, montre, en outre, que les analyses du même sujet doivent être répétées sous peine de porter parfois un jugement trop hâtif ; trois régimes de ces palmiers ont spécifié les différences suivantes :

	Péricarpe	Coque	Amandes
1er régime	— 7,0	+1,9	+5,1
2e régime	—13,2	+7,6	+5,6
3e régime	— 8,6	+2,0	+6,6

Le premier et le troisième régimes donnent des valeurs de même ordre, mais le second paraît jouir d'une constitution exceptionnelle ne répondant pas à la moyenne véritable du sujet.

Cette étude comparative entre les fruits périphériques et les fruits internes doit, pour être complète, être suivie pendant toute l'année pour déterminer les règles de l'influence saisonnière qui paraissent assez nettement accusées ; les observations qui se poursuivront en 1923 se préoccuperont de cette question.

2° Poids des fruits et des amandes

Le palmier à huile donne, au Dahomey, des régimes qui sont généralement de petite taille moyenne, si on les compare à ceux de la Côte d'Ivoire. Les échantillons atteignant 20 kilogrammes sont rares. La moyenne de l'ensemble des *Elæis* étudiés dans la région de Porto-Novo est de 8 kg. 512, mais il faut remarquer que les ***Dé-Yaya*** qui ont été délaissés dans le premier examen, fourniraient une moyenne très sensiblement plus élevée.

Tout naturellement, les fruits sont, eux aussi, de petite taille ; ils accusent les moyennes suivantes :

	FRUITS			EXTRÊMES			
				F. périphériques		Internes	
	Périphériques	Internes	Moyenne	Maxi.	Mini.	Maxi.	Mini.
Dé-Gbakoun..........	4,83	3,31	4,16	6,05	3,72	4,50	2,44
Dé-Gbakoun X Dé-Kla	5,33	3,22	4,20	7,29	2,90	4,51	2,10
Dé-Kla..............	3,56	3,54	4,56	7,80	4,20	4,60	2,60
Dé-Yaya............	6,08	4,44	5,13	7,00	4,90	6,60	3,20

Dans l'ensemble, les poids moyens des fruits sont de :

Fruits périphériques.............. **5 gr. 46**
Fruits internes.................... **3 gr. 68**

et de 4 gr. 57 pour les fruits totaux.

En réalité, dans le peuplement naturel, ces chiffres sont plus élevés car dans la sélection on est très souvent conduit à rejeter, au premier examen, la plupart des régimes à gros fruits appartenant généralement au *Dé-Yaya* qui ne présentent aucun intérêt pour le but poursuivi.

Les fruits internes accusent donc une moins-value en poids assez considérable par rapport aux fruits périphériques ; ils ne représentent en centièmes que :

Groupe ***Dé-Gbakoun***, **72,4 %** en moyenne.

Les extrêmes sont de **61,9 %** dans le **J 2**, et de **78,9 %** dans le **M 4**. En poids, l'écart maximum, dans le même régime, est de **1 gr. 78** pour des fruits périphériques, de **6 gr. 05** dans le **L 10**.

Groupe ***Dé-Gbakoun* × *Dé-Kla***, **60,4 %** en moyenne.

Les extrêmes sont de **51,6 %** dans le **L 12**, et de **72,4 %** dans le **L 5**. En poids, l'écart maximum dans le régime est de **2 gr. 80** dans les fruits périphériques, de **6 gr. 80** dans le **D 8**.

Groupe ***Dé-Kla***, **63,7 %** en moyenne.

Les extrêmes sont de **53,7 %** dans le **D 2** et de **77,2 %** dans le **L 2**. En poids, l'écart maximum dans le régime est de **3 gr. 20** pour des fruits périphériques, de **7 gr. 80** dans le **L 4**.

Groupe ***Dé-Yaya***, **73,0 %** en moyenne.

Les extrêmes sont de **57,6 %** dans le **L 11** et de **94,3 %** dans le **P L**. En poids, l'écart maximum dans le même régime est de **2 gr. 80** pour les fruits périphériques, de **6 gr. 60** dans le **L 11**.

Les *amandes* subissent, en poids, des variations inférieures à celles qui sont constatées entre les fruits périphériques et les fruits internes. Cela ressort des variations de composition signalées précédemment, et qui ont montré que si dans les fruits internes le pourcentage de péricarpe est inférieur, celui des amandes est, au contraire, plus élevé.

Les observations faites donnent les résultats suivants :

	FRUITS			EXTRÊMES			
				F. périphériques		F. internes	
	Périphériques	Internes	Total	Maxi-	Mini-	Maxi.	Mini.
G. Dé-Gbakoun........	0, 80	0, 73	1, 53	0, 30	0. 54	1, 20	0, 46
G. Dé-Gbakoun X Dé-Kla..............	0, 79	0, 49	1. 38	0, 99	0, 40	0, 74	0, 35
G. Dé-Kla...........	0. 80	0. 68	1, 48	1, 20	0, 60	0, 96	0, 42
G. Dé-Yaya..........	1, 02	0. 91	1, 93	1, 80	0, 70	1, 70	0, 65

Les indications concernant le *Dé-Yaya* ne sont pas à retenir car l'étude ne porte que sur quelques régimes choisis, les sujets vulgaires ayant été éliminés.

La moyenne des trois premiers groupes donne :

Amande des fruits périphériques.....	0 gr. 80
Amande des fruits internes..........	0 gr. 65
Total.............	1 gr. 45

Le total du poids des amandes provenant des fruits périphériques et des fruits internes, 1 gr. 45, est un peu faible du fait que certains sujets donnent des amandes très réduites, exemples : le L 2 0 gr. 52 et 0 gr. 44, le Ad2 0 gr. 51 et 0 gr. 46, le M4 0 gr. 51 et 0 gr. 52, le L9 0 gr. 73 et 0 gr. 48, le Ad4 0 gr. 60 et 0 gr. 42.

Les meilleurs sujets, qui ont été retenus par la sélection, donnent par contre :

	Amandes périphériques	Amandes internes	Total
L 10............	1 gr. 07	0 gr. 90	1 gr. 97
H I.............	0 gr. 89	0 gr. 85	1 gr. 74
J L.............	1 gr. 30	1 gr. 20	2 gr. 50
Ad 3............	0 gr. 76	0 gr. 54	1 gr. 30

M I.............	0 gr. 88	0 gr. 72	1 gr. 60
M 8.............	0 gr. 99	0 gr. 71	1 gr. 70
D L.............	0 gr. 95	0 gr. 74	0 gr. 69
L 12............	0 gr. 91	0 gr. 57	1 gr. 48
L 2.............	0 gr. 99	0 gr. 96	0 gr. 95
Ad I............	0 gr. 82	0 gr. 67	1 gr. 49
L 4.............	1 gr. 20	0 gr. 80	2 gr. 00
Pi (*Dé-Yaya*).....	1 gr. 80	1 gr. 70	3 gr. 50

En principe, dans la sélection, tous les palmiers dont le poids total des amandes périphériques et internes n'atteint pas 1 gr. 5 sont rejetés à moins qu'ils ne fassent preuve de qualités les désignant tout spécialement. C'est l'appréciation qui vient en première ligne après l'examen des coefficients physiques et elle a pour conséquence d'abandonner de nombreux régimes où le péricarpe est abondant, mais au détriment de la noix et par conséquent de l'amande, indiquant des palmiers qui ne sont plus normalement équilibrés.

Examen d'un échantillon commercial d'amandes

Cinq échantillons d'un kilogramme d'amandes, pris dans cinq maisons différentes de la place de Porto-Novo, au moment où les amandes sont prêtes pour l'ensachage, ont donné un poids moyen par amande de :

Premier échantillon................	0 gr. 816
Deuxième échantillon..............	0 gr. 917
Troisième échantillon..............	0 gr. 770
Quatrième échantillon..............	0 gr. 790
Cinquième échantillon..............	0 gr. 850

soit, en moyenne générale, 0 gr. 828.

La répartition par grosseur, à la suite d'un tri en six lots, fait simplement à l'aspect, est la suivante :

Amandes énormes....... >	1 gr. 5	— 2,1 %
Amandes très grosses......	1 gr. 25 à 1 gr. 50	— 7,5 %
Amandes grosses..........	1 gr. » à 1 gr. 25	— 17,2 %
Amandes moyennes.......	0 gr. 75 à 1 gr. »	— 29,5 %
Amandes petites..........	0 gr. 50 à 0 gr. 75	— 32,6 %
Amandes très petites.... <	0 gr. 50	— 11,1 %

C'est en s'appuyant sur ces données que le total de 1 gr. 5, pour l'amande périphérique et l'amande interne des fruits d'un même régime, a été admis comme minimum dans la sélection.

Ces valeurs ne donnent pas une idée exacte de la grosseur des amandes du peuplement complet ; elles sont trop élevées car beaucoup de petites noix ne sont pas cassées, et elles occasionnent plus de travail pour un même rendement.

RÉSULTATS OBTENUS PAR SÉLECTION PRIMAIRE DES PALMIERS DE LA RÉGION DE PORTO-NOVO

Les coefficients totaux limites ont été fixés à :

115 pour le *Dé-Gbakoun* ;
110 pour le *Dé-Gbakoun* × *Dé-Kla* ;
105 pour le *Dé-Kla* ;
85 pour le *Dé-Yaya*.

Les tableaux annexés font connaître les résultats donnés pour chacune des analyses physiques concernant uniquement les palmiers conservés ou à suivre.

Il est joint également un modèle d'état signalétique concernant l'analyse de chaque palmier, ainsi que les conclusions d'examen des tableaux concernant seulement quatre études pour ne pas allonger démesurément cette énumération.

Types d'examen des tableaux :

1° *Type à bonne constitution normale*

J 1, groupe *Dé-Gbakoun* :

Le coefficient physique des fruits normaux 82,6 est très bon.

Le coefficient des fruits totaux 74,4 indique une proportion un peu élevée de fruits parthénocarpiques 9,9 %.

Le coefficient, par rapport au régime 51,1, est très bon et correspond à 38,1 % de râfle.

Le coefficient total 125,5 est très élevé malgré la neutralisation des fruits parthénocarpiques.

La composition moyenne des fruits : 63,2 % de péricarpe, 17,4 % de coque et 19,4 % d'amande, est bonne. La coque est très mince, les noix sont normalement constituées et les amandes sont grosses, 1 gr. 3 et 1 gr. 2.

Il n'y a pas de dégénérescence de la noix mais simplement amincissement de la coque. Le palmier est âgé ; la production apparente bonne ; les régimes assez gros. C'est un excellent sujet au point de vue du péricarpe et des amandes ; *à conserver.*

2° *Type à bons coefficients, mais à défaut grave*

Ad 2, groupe *Dé-Gbakoun* :

Le coefficient physique des fruits normaux est de 80,3.

Le coefficient physique des fruits totaux est de 77,4 provenant de 3,6 % de fruits parthénocarpiques.

Le coefficient, par rapport au régime, est de 44,5 correspondant à 44,6 de râfle.

Le coefficient total s'élève à 121,9.

La composition moyenne du fruit 65,0 % de péricarpe, 19,7 % de coque et 15,3 % d'amande serait favorable mais les noix sont petites, la coque est mince et les amandes sont très réduites, 0 gr. 46 ; on se trouve probablement en présence d'un palmier en voie de dégénérescence, qu'on ne peut garder malgré l'élévation de ses coefficients ; *à rejeter.*

3° *Type conservé malgré la faiblesse relative de ses coefficients*

I. 10, groupe *Dé-Gbakoun* :

Le coefficient physique des fruits normaux 81,6 est très bon.

Le coefficient des fruits totaux n'est que de 75,9, mais le fait est imputable à un régime qui a accusé 11,6 % de fruits parthénocarpiques alors que les deux autres n'en possèdent que 2,3 %.

Le coefficient du régime est faible, 36,9 correspond à des teneurs en râfle de 56,1 et de 53,4 %.

Le coefficient total est de 112,8, donc inférieur au coefficient limite adopté, 115.

Néanmoins, ce palmier présente une particularité remarquable. La moyenne de composition de deux régimes donne la constitution type recherchée, elle comprend 59,9 % de péricarpe, 20,0 % de coque et 20 % d'amande.

Le troisième régime étudié donne respectivement : 64,6 %, 16,7 % et 18,7 %.

L'ensemble aboutit donc à 62,2 % de péricarpe, 18,4 % de coque et 19,4 % d'amande, soit une très bonne constitution.

D'autre part, la coque est faible et les amandes sont de belle taille, 1 gr. 07 pour les fruits périphériques et 0 gr. 9 pour les fruits internes. Malgré l'abondance de la rafle, qui abaisse son coefficient total au-dessous de 115, ce palmier présente des qualités remarquables de constitution de fruit qui en demandent la conservation ; *à conserver.*

4° *Type à qualité spéciale pour l'hybridation*

Pi, groupe ***Dé-Yaya*** :

Le coefficient physique des fruits normaux est de 66.

Le coefficient des fruits totaux est de 58,8 pour une proportion assez élevée de fruits parthénocarpiques, 10,9 %.

Le coefficient, par rapport au régime, est faible, 27,3, car la râfle compte pour 58,6 % du régime.

Le coefficient total est seulement de 86,1, dépassant à peine la limite pour le ***Dé-Yaya***, 85.

La composition physique du fruit : 40,3 % de péricarpe, 34 % de coque et 25,7 % d'amande, avec des amandes pesant 1 gr. 8 et 1 gr. 7, met immédiatement en lumière la valeur de ce palmier comme hybridateur.

Les régimes sont moyens, les épines très longues, la productivité apparente est bonne.

Malgré tous ces défauts, ce palmier présente un intérêt évident comme *hybridateur pour amélioration des amandes* ; *à conserver.*

En application de cette méthode, il a été retenu comme palmier à conserver, dont l'étude doit être poursuivie.

Groupe ***Dé-Gbakoun*** : L 10 HI, JI ;
Groupe ***Dé-Gbakoun*** × ***Dé-Kla*** : A^{d3}, MI, M^{8}, DI, LI^{2} ;
Groupe ***Dé-Kla*** : L^{2}, L^{4}, A^{d1} ;
Groupe ***Dé-Yaya*** : Pi.

Le tableau suivant donne, en résumé, les principales caractéristiques des palmiers étudiés et les raisons qui en ont dicté la conservation ou le rejet :

CARACTÉRISTIQUES PRINCIPALES DES PALMIERS ÉTUDIÉS

Nos DU PALMIER	COEFFICIENTS PHYSIQUES par rapport aux fruits : normaux	aux fruits : totaux	au régime	total	COMPOSITION du fruit : péricarpe	coque	amande	POIDS des amandes : périphériques	internes	OBSERVATIONS
					Dé-Gbakoun (palmiers conservés)					
L 10	81,6	75,9	36,9	112,8	62,2	18,4	19,4	1 g 07	0 g 90	Fruits très bien constitués.
H 1	84,5	79,4	43,8	123,2	62,7	15,5	21,8	0,89	0,85	Très bon ensemble.
J 1	82,6	74,4	51,1	125,5	63,2	17,4	19,4	1,30	1,20	Très bon ensemble.
					Palmiers rejetés					
Ad 2	80,3	77,4	44,5	121,9	65,0	19,7	15,3	0,51	0,46	Amandes beaucoup trop petites.
J 2	82,5	67,1	47,6	114,7	67,5	17,5	15,0	0,52	0,44	Amandes beaucoup trop petites.
M 4	81,4	71,3	49,9	121,2	69,4	18,6	12,0	0,51	0,52	et abondance de fruits parthénocarpiques.
					Dé-Gbakoun × *Dé-Kla* (palmiers conservés)					
Ad 3	78,4	76,0	49,9	125,9	62,5	21,6	15,9	0,76	0,54	Amandes un peu faibles.
M 1	75,0	71,8	45,7	117,5	56,1	25,0	18,9	0,88	0,72	Bon équilibre.
M 8	78,8	76,4	52,6	129,0	64,5	21,2	14,3	0,99	0,71	Bon sujet, pourcentage d'amandes un peu faible.
LI 2	76,4	74,5	44,8	119,3	54,2	23,5	22,3	0,91	0,57	Bon producteur d'amandes.
D 1	76,6	75,4	44,8	120,2	58,0	23,4	18,6	0,95	0,74	Bon équilibre.
M 3	75,0	71,2	43,8	115,0	60,3	25,0	14,7	0,67	0,58	Gros régimes, à suivre.
					Palmiers rejetés					
L 5	75,3	71,2	33,6	104,8	60,7	24,7	14,6	0,40	0,35	Amandes minuscules.
L 6	75,2	70,3	46,4	116,7	58,8	24,8	16,4	0,72	0,64	Amandes faibles.
L 7	78,2	70,3	45,1	115,4	62,2	21,8	16,0	0,80	0,52	Amandes faibles.
L 9	77,1	72,7	38,0	110,7	61,6	22,9	15,5	0,73	0,48	Amandes faibles.
D 3	76,1	70,1	48,7	118,8	61,8	23,9	14,3	0,86	0,65	Amandes moyennes.
					Dé-Kla (palmiers conservés)					
L 2	72,2	70,8	46,7	117,5	49,4	27,8	22,8	0,99	0,96	Bon type à amande, productif.
L 4	72,0	67,7	38,4	106,1	56,6	28,0	15,4	1,20	0,80	Belles amandes.
Ad 1	72,2	70,4	43,0	113,4	53,8	27,8	18,4	0,82	0,67	Sujet bien équilibré.
					Palmiers rejetés					
L 8	71,8	61,3	41,5	102,8	53,3	28,2	18,5	0,70	0,60	Trop de fruits parthénocarpiques, amandes faibles.
Ad 4	73,8	71,8	39,7	111,5	58,7	26,2	15,1	0,60	0,42	Amandes beaucoup trop petites, trop de fruits parthénocarpiques.
M 6	74,8	63,8	45,8	109,6	60,1	25,2	14,7	0,70	0,69	Amandes un peu faibles.
D 2	72,3	68,7	37,5	106,2	59,2	27,7	13,1	0,61	0,59	Avortement des amandes.
					Dé-Yaya (palmier conservé)					
Pi	66,0	58,8	27,3	86,1	40,3	34,0	25,7	1 80	1,70	Hybridateur d'amandes.
					Palmiers rejetés					
L 1	62,1	61,2	35,8	97,0	42,4	37,9	19,7	0,85	0,70	Forme moyenne, sans intérêt spécial.
L 11	68,4	67,8	37,3	105,1	53,3	31,6	15,1	0,84	0,67	Bonne forme commune, sans intérêt spécial.
L 13	49,6	40,6	31,2	80,8	34,9	50,4	14,7	0,70	0,67	Sans intérêt, trop de coque.
M 2	68,7	60,1	38,9	99,0	48,0	36,3	15,7	0,90	0,84	Forme moyenne, sans intérêt spécial.

(Voir ci-après les tableaux A et B).

STATION DE POBÉ

Tableau A

N° du palmier	Nom vernaculaire	Nom botanique	Situation	Age supposé	État d'aménagement	Productivité apparente	Productivité annuelle	Observations	Date de récolte	Régimes: Poids du régime	Rafle	Fruits totaux	Fruits parthénocarpiques	Fruits normaux: périphériques	Fruits normaux: internes	Fruits totaux: parthénocarpiques	Fruits totaux normaux: périphériques	Fruits totaux normaux: internes
1	2	3	4	5	6	7	8	9	10	11	12	13	14	15	16	17	18	19
L2 I	*Dé-Kla*		Loko à Adjassin.	20 ans	Bon			Epillets hermaphrodites fertiles.	25 décembre 1922.	7k750	31,1	68,9	1,5	35,4	32,0	2,2	51,3	46,5
— II									1er janvier 1923.	8,220	40,6	59,4	0,8	35,3	23,3	1,8	59,8	38,9
— III									31 janvier 1923.	6,160 / 5,630	34,4	65,6	1,3	35,6	28,7	2,0	54,3	43,7
									Moyenne.	7,015	35,4	64,6	1,2	35,5	27,9	1,9	55,1	43,0
L4	*Dé-Kla*		Loko à Adjassin.	35-40 ans	Bon				1er janvier 1923.	10,000	46,7	53,3	3,2	32,9	17,2	6,0	61,8	32,2
L10 I	*Dé-Gbakoun*		Loko à Adjassin.	35 ans	Bon				1er janvier 1923.	7,180 / 6,260	56,1	43,9	1,0	27,6	15,3	2,3	62,9	34,8
— II									31 janvier 1923.	6,970	53,5	46,5	5,1	28,8	17,8	11,0	51,2	37,2
									Moyenne.	6,803	54,8	45,2	3,2	25,7	16,3	6,9	57,1	36,0
L12 I	*Dé-Gbakoun* et *Dé-Kla*								1er janvier 1923.	5,700	42,1	57,9	1,0	39,5	17,4	1,7	68,2	30,1
— II									31 janvier 1923.	6,400	40,5	59,5	2,0	35,1	22,4	3,4	59,0	37,6
									Moyenne.	6,050	41,3	58,7	1,5	37,3	19,9	2,5	63,6	33,9
J I	*Dé-Gbakoun*		Jardin de Porto-Novo.	40 ans	Bon				22 décembre 1922.	8,815	38,1	61,9	6,3	28,0	27,8	9,9	45,1	45,0
H I	*Dé-Gbakoun*		Adjina Porto-Novo.	40 ans	Bon				1er février 1923.	10,240	48,1	51,9	3,1	25,9	22,9	6,50	49,9	44,1
Ad I	*Dé-Kla*		Adolphe à Louho.	35-50 ans	Bon				9 janvier 1923.	10,100 / 5,400	40,5	59,5	1,5	30,7	27,3	2,5	51,6	45,9
Ad 8	*Dé-Gbakoun* et *Dé-Kla*		Adolphe à Louho.						9 janvier 1923.	5,430	36,2	63,8	1,4	27,4	35,0	2,8	30,9	46,5
M1	*Dé-Gbakoun* et *Dé-Kla*		Maji à Louho.	25-30 ans	Bon				15 janvier 1923.	6,850	39,0	61,0	2,6	27,7	30,7	4,3	45,4	50,3
M3	*Dé-Gbakoun* et *Dé-Kla*		Maki à Louho.	25 ans	Bon				24 janvier 1923.	15,000	41,6	58,4	2,9	29,1	26,4	5,0	49,8	45,2
M8	*Dé-Gbakoun* et *Dé-Kla*		Maki à Louho.	25 ans	Bon				24 janvier 1923.	5,380	33,3	66,7	2,0	42,0	22,7	3,0	63,0	34,0
D1	*Dé-Gbakoun* et *Dé-Kla*		Dangbo (Pon).	15-20 ans	Bon				20 janvier 1923.	20,650	41,5	58,5	0,9	29,1	28,5	1,5	49,8	48,7
Pi	*Dé-Yaya*		Piot Porto-Novo.	35-40 ans	Bon				11 janvier 1923.	4,900 / 6,335 / 6,840	58,6	41,4	4,5	28,2	18,7	10,9	56,0	33,1

Code des formes.

Forme des fruits.

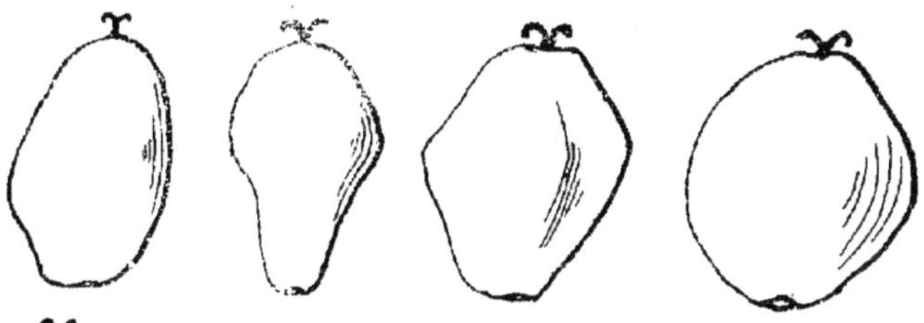

oblongue en massue pyramidale arrondie

Forme des noix

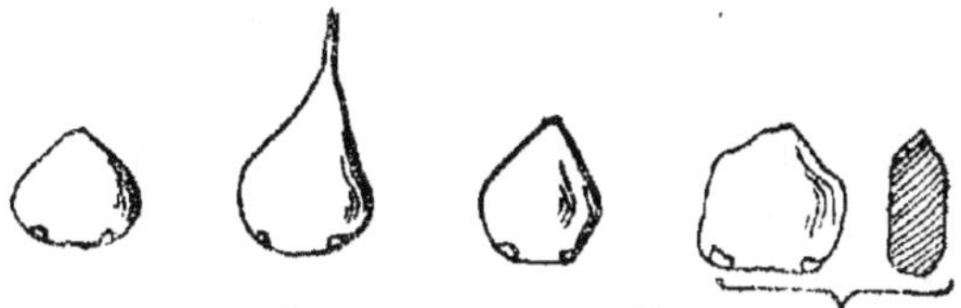

arrondie piriforme pyramidale aplatie

Forme des amandes.

ronde allongée ronde allongée plate plate pyramidale.

En résumé, la première sélection de la région de Porto-Novo aboutit à l'adoption de :

3 palmiers du groupe *Dé-Gbakoun*, possédant de solides qualités de constitution générale ;

5 palmiers du groupe *Dé-Gbakoun* × *Dé-Kla*, dont 4 ont une constitution bien équilibrée et dont un se signale par sa grande productivité d'amandes (L 12) ; un sixième palmier (M 3) demande à être suivi avant de se prononcer pour son adoption, car il se recommande surtout par la grosseur de son régime ;

3 palmiers du groupe *Dé-Kla*, dont 2 (L 2 et L 4) surtout intéressants comme producteurs d'amandes ;

1 palmier du groupe *Dé-Yaya*, donnant un pourcentage très élevé d'amandes de fort belles dimensions et qui se recommande tout particulièrement comme hybridateur.

Tous ces palmiers sont conservés ; mais provisoirement, jusqu'à ce que l'étude de la productivité ait confirmé leurs qualités. Ils seront alors classés par ordre de valeur après l'établissement des coefficients de l'analyse chimique et du passage à la presse.

Le groupe *Dé-Gbakoun* est appelé à fournir des formes à péricarpe et à amandes développés, mais on ne saurait lui donner une trop grande représentation car il est à la limite de la conservation de l'espèce.

Le groupe *Dé-Gbakoun* × *Dé-Kla*, le plus abondamment représenté des formes améliorées, approvisionnera en formes bien équilibrées, dans lesquelles il faudra chercher à diminuer la coque au bénéfice des amandes pour tendre vers le *Dé-Gbakoun*, en évitant ou en retardant la dégénérescence.

Le groupe *Dé-Kla* et le groupe *Dé-Yaya* peuvent être envisagés comme hybridateurs de noix pour relever l'épaisseur de coque et augmenter le poids des amandes chez certains *Dé-Gbakoun* défaillants.

La prospection, dans les environs de Porto-Novo, n'a rencontré qu'une très faible proportion de palmiers se rapportant au *Kissé-Dé*. La plupart ont accusé une proportion de coque les rendant inutilisables.

Un seul, le M 7, est retenu provisoirement ; il présente les caractères généraux d'un *Dé-Kla* au point de vue de sa constitution générale.

Le régime est petit, 6 kg. 895 ; épineux.

Les fruits sont petits, 4 gr. 6 pour les fruits périphériques ; 3 gr. 1 pour les fruits internes.

La composition moyenne du fruit est de 30,8 % de péricarpe ; 27,4 % de coque et 21,8 % d'amande.

Les noix sont moyennes. Les amandes pèsent 0 gr. 89 et 0 gr. 74.

Le coefficient physique des fruits normaux est de 72,6.

Le coefficient des fruits totaux est de 69,5, correspondant à 4,24 % de fruits parthénocarpiques.

Le coefficient, par rapport au régime, est de 41,1, indiquant 43,4 % de râfle.

Le coefficient total est de 110,6.

Il est donc très nettement inférieur aux palmiers repérés, car il ne se recommande que par une production convenable en amandes ; il est conservé à titre documentaire, comme type provisoire du *Kissé-Dé*, uniquement en vue d'études comparatives.

 Tableau B

FRUITS NORMAUX

NUMÉRO du PALMIER	MENSURATION DES FRUITS — FRUITS PÉRIPHÉRIQUES — FORME	Poids	Épaisseur du péricarpe — Moyenne en coupe transversale	Épaisseur du péricarpe — Maximum en coupe longitudinale	FRUITS INTERNES — Poids	Épaisseur du péricarpe — Moyenne en coupe transversale	Épaisseur du péricarpe — Maximum en coupe longitudinale	POIDS MOYEN
20	21	22	23	24	25	26	27	28
		gr.	m/m	m/m	gr.	m/m	m/m	gr.
Lo I	Oblongs ou en massue	7,0	[illegible]	6,8	4,3	1,6	8,0	4,6
— II	....	5,7	2,0	7,0	3,3	1,2	9,0	4,4
— III	....	4,2	1,6	5,0	3,3	1,2	4,0	3,8
	Moyenne	4,8	1,4	6,0	3,2	1,6	5,3	4,9
Lo	Oblong arrondi	7,6	2,2	5,0	7,6	2,8	7,0	6,8
Lto I	En massue	7,6	2,3	10,0	5,1	2,0	6,0	6,7
— II	Oblongs et pyramidaux	6,5	2,0	6,0	3,8	2,8	4,4	5,7
	Moyenne	6,1	2,1	8,5	3,7	1,9	5,2	5,3
Lte I	Moyenne	4,5	1,8	7,0	2,7	1,2	5,6	3,4
II	Moyenne	4,3	1,6	5,0	2,4	1,1	3,0	2,2
	Moyenne	4,4	1,8	6,0	2,2	1,3	3,0	3,3
J 1	Ovoïdes et pyramidaux	7,0	2,0	7,5	4,5	2,0	2,6	5,10
M 1	Oblongs en massue	4,7	2,2	6,9	2,5	1,6	5,0	4,0
Ad 1	Oblongs en massue, pyramidaux	5,0	2,1	6,5	2,7	1,8	6,0	4,0
Ad 2	Oblongs en massue, pyramidaux	5,4	2,1	8,5	2,8	2,1	6,0	4,0
M 1	Oblongs pyramidaux	3,1	2,1	6,5	2,5	1,8	3,0	4,1
M 2	Oblongs arrondis	3,3	2,2	6,3	2,3	1,9	3,0	3,2
M 8	Oblongs en massue	7,3	2,8	8,0	4,5	2,4	7,0	6,0
O 1	Oblongs	6,2	2,0	4,0	3,2	1,5	6,0	5,6
Pt	Pyramidaux, arrondis	7,0	1,8	7,0	6,6	1,4	7,0	6,9

NUMÉRO du PALMIER	MENSURATIONS DES NOIX — FRUITS PÉRIPHÉRIQUES — Épaisseur de coque — Moyenne en coupe transversale	Maximum en coupe longitudinale	POIDS MOYEN des amandes	FRUITS INTERNES — Épaisseur de coque — Moyenne en coupe transversale	Maximum en coupe longitudinale	POIDS MOYEN des amandes
20	29	30	31	32	33	34
	m/m	m/m	gr.	m/m	m/m	gr.
Lo I	1,2	6,0	1,00	1,2	3,0	1,10
— II	1,0	6,0	1,10	0,8	3,0	0,60
— III	1,4	4,0	0,86	1,1	3,0	0,88
Moyenne	1,2	5,4	0,94	1,1	4,8	0,90
Lo	1,8	3,6	1,00	1,3	3,5	0,80
Lto I	1,0	5,0	1,09	0,9	5,0	0,86
— II	1,0	6,0	1,10	1,0	3,0	0,97
Moyenne	1,5	6,0	1,06	1,1	4,4	0,9
Lte I	[illegible]	6,0	0,98	0,9	2,0	0,31
II	1,5	3,0	0,94	1,2	2,0	0,82
Moyenne	1,5	5,5	0,91	1,0	2,0	0,57
J 1	1,0	2,5	1,30	1,2	3,0	1,20
M 1	1,1	1,0	0,98	1,1	4,0	0,85
Ad 1	1,6	5,0	0,82	1,2	6,0	0,67
Ad 2	1,3	4,0	0,76	1,6	5,0	0,31
M 1	1,0	5,0	0,86	0,6	3,0	0,72
M 2	1,4	4,0	0,67	1,3	5,0	0,36
M 8	1,0	4,0	0,60	1,1	2,0	0,71
O 1	1,0	4,0	0,63	1,2	4,0	0,76
Pt	1,0	6,0	1,80	1,1	6,0	1,70

NUMÉRO du PALMIER	ANALYSE MÉCANIQUE DES FRUITS — PÉRIPHÉRIQUES — Péricarpe	Coque	Amande	INTERNES — Péricarpe	Coque	Amande	ANALYSE MÉCANIQUE MOYENNE — Péricarpe	Coque	Amande	COEFFICIENT PHYSIQUE — des fruits normaux	des fruitsinférieurs	des régimes
20	35	36	37	38	39	40	41	42	43	44	45	46
Lo I	52,0	27,5	20,2	45,0	29,7	25,3	48,3	28,7	22,0	71,3	66,7	49,1
— II	56,8	29,1	20,5	38,0	42,0	20,4	44,0	29,3	21,0	70,0	69,7	11,0
— III	55,5	21,1	26,9	47,0	25,4	26,6	51,6	23,5	24,0	74,7	73,2	49,0
Moyenne	53,5	25,2	20,9	43,9	30,0	26,1	49,1	27,8	22,8	72,2	70,5	46,7
Lo	57,9	25,0	14,9	55,5	25,6	19,6	34,6	26,0	15,1	72,0	67,1	28,4
Lto I	61,6	20,0	18,1	56,2	29,4	22,3	50,5	20,3	20,6	73,0	78,3	45,1
— II	64,8	17,6	17,6	61,4	[illegible]	20,2	61,6	18,7	14,7	86,0	78,3	38,8
Moyenne	62,2	16,8	18,0	64,6	17,9	21,6	62,2	18,4	19,1	81,6	73,0	38,9
Lte I	56,1	23,2	20,2	44,8	22,4	22,8	56,0	23,1	21,0	76,9	75,0	44,5
II	55,2	23,9	21,0	31,2	22,0	36,2	57,8	24,6	22,6	76,0	75,4	42,2
Moyenne	51,8	25,2	21,6	55,0	22,5	34,5	56,2	23,5	22,2	76,4	74,5	46,5
J 1	60,0	17,4	14,7	62,0	17,4	26,9	52,2	17,4	10,1	80,0	74,4	51,1
M 1	60,1	14,1	18,5	58,4	16,0	23,5	62,5	15,6	21,8	84,5	79,1	33,8
Ad 1	60,4	27,2	18,4	50,4	26,6	20,0	58,6	27,8	18,4	72,2	70,4	40,0
Ad 2	61,4	21,4	14,2	59,0	33,0	16,4	53,5	21,0	14,9	76,1	76,0	40,0
M 1	57,0	23,9	17,2	54,8	24,8	20,8	56,7	23,0	18,0	76,0	71,6	46,7
M 2	63,6	24,0	13,4	58,0	26,2	17,2	60,3	25,0	11,7	74,0	71,2	38,8
M 8	65,5	20,8	14,4	62,0	28,0	10,0	64,5	21,3	14,0	75,5	70,1	32,8
O 1	62,1	20,0	15,6	53,0	44,2	21,6	58,0	23,4	16,0	76,6	73,4	41,5
Pt	59,2	30,0	23,5	42,0	32,4	25,6	40,8	34,0	25,7	66,0	54,0	37,0

CHAPITRE III

Résultats obtenus par Sélection primaire des Palmiers de la région de Bingerville

Les visites des palmeraies de la région de Bingerville ont porté sur le jardin d'essais de Bingerville, la concession Blachon, la concession Grandjean, la concession Drevet et la concession Necker, à M'Bato, c'est-à-dire dans des peuplements denses, plus ou moins aménagés depuis un temps variable, et dans deux plantations encore jeunes (9 à 12 ans).

La première prospection a isolé :

33	palmiers du Jardin d'essais de Bingerville	(marque B)	(138 analyses)
5	palmiers de la concession Blanchon	(marque A)	(5 analyses)
36	palmiers de la concession Grandjean	(marque G et S)	(45 analyses)
12	palmiers de la concession Drevet	(marque D)	(12 analyses)
12	palmiers de la concession Necker	(marque N)	(12 analyses)
15	palmiers communs	(marque T)	(20 analyses)
133			232

Mais un grand nombre d'entre eux ont été éliminés par une première étude, à la suite de laquelle il n'est resté, comme sujets intéressants dont l'examen a été poursuivi en vue de la sélection, que :

12	palmiers marque B
1	palmier marque A
10	palmiers marque G et S
1	palmier marque D
5	palmiers marque N
29	

Un examen plus approfondi, faisant jouer l'élimination des sujets qui présentent un défaut accentué, n'a laissé que 11 palmiers définitivement conservés et 17 palmiers dont l'étude doit être poursuivie surtout en vue de la détermination de leur productivité, non encore entrevue nettement, car leur repérage est encore trop récent.

C'est donc en réalité 20 à 25 palmiers que leur étude physique permettra de retenir sur un total de 133 palmiers *choisis* dans les plantations et le peuplement de Bingerville.

Ces nombres, dans leur brutalité, montrent bien les difficultés que le prospecteur rencontre dans la sélection du palmier à huile, œuvre méticuleuse et lente, surtout à la Côte d'Ivoire, où les formes extrêmes de constitution des fruits ne sont pas reliées par une abondance de formes intermédiaires régulièrement étagées.

Le classement en groupes, basés sur le pourcentage de coque, a été adopté sur le même type que celui qui a été admis au Dahomey en vue d'assurer la clarté des lectures et la facilité de l'examen de comparaison.

Les coefficients totaux limites se montrent un peu plus élevés qu'au Dahomey, par suite d'une plus grande abondance de pulpe chez les sujets améliorés ; ils peuvent être fixés actuellement à :

120 pour le 1er groupe (Adé-Sran).
115 pour le 2e groupe (Adé-Sran).
110 pour le 3e groupe (Aquoi-Sran).
90 pour le 4e groupe (Adé-Quoi).

Mais ils n'ont ici encore qu'une valeur de repérage et doivent être complétés par l'examen détaillé des résultats de la dissection du régime.

Les tableaux suivants donnent les caractéristiques principales des palmiers qui en ont provoqué la conservation ou le classement.

Les palmiers évolués à la Côte d'Ivoire ayant une tendance marquée à la disparition sinon de la noix, du moins de l'amande, il a été tenu un grand compte du pourcentage et du poids des amandes. Il a été posé, en principe, que le total

TABLEAU RÉCAPITULATIF DES PALMIERS CHOISIS

Numéro du palmier	Composition moyenne du fruit: Péricarpe	Coque	Amande	Coefficient physique total	Poids total des amandes	Fruits parthéno-carpiques	Rafle	Productivité
Palmier hors groupe (Type de collection à péricarpe)								
B-208 ...	77,4	16,0	6,6	139,2	0,99	2,3	31,8	bonne
1er Groupe : 20 % de coque Adé-Sran								
Palmiers conservés								
B-214 ...	69,7	16,5	13,8	130,2	2,18	11,3	32,9	médiocre
B.215 ...	69,5	18,2	12,3	134,1	1,87	2,7	33,6	moyenne
Moyenne .	69,6	17,4	13,0	132,2	2,02	7,0	33,3	
Palmiers à suivre pour la productivité								
B-245 ...	66,5	19,5	14,0	125,7	1,46	8,2	35,6	?
Palmier trop jeune à revoir								
D-51 ...	67,5	16,8	15,77	108,4	1,73	12,0	57,7	moyenne
Palmiers rejetés								
B-220 ...	69,6	19,3	11,1	123,2	1,27	3,9	42,8	moyenne
B-225 ...	70,8	17,9	11,3	131,3	1,57	8,4	31,8	faible
B-253 ...	68,4	19,9	11,7	113,7	1,95	12,1	47,0	grande
Moyenne .	69,6	19,0	11,4	122,7	1,60	8,1	40,5	
Moyenne générale	68,9	18,3	12,8	123,8	1,72	8,4	40,2	
2e Groupe : 20 à 25 % de coque Adé-Sran								
Palmiers conservés								
B-205 ...	61,8	23,6	14,6	119,2	1,13	5,0	39,6	très grande
N-4	61,6	22,9	15,5	115,3	1,58	6,6	43,9	bonne
N-7	62,1	22,4	15,5	129,2	2,20	3,4	30,1	bonne
G-33	60,2	24,4	15,4	123,7	2,26	4,1	32,3	moyenne
Moyenne .	61,4	23,3	15,3	121,9	1,79	4,8	36,5	

Numéro du palmier	Composition moyenne du fruit — Péricarpe	Coque	Amande	Coefficient physique total	Poids total des amandes	Fruits parthéno-carpiques	Rafle	Productivité
Palmiers à suivre pour la productivité								
B-223 ...	63,2	23,9	12,9	115,1	2,21	8,3	38,0	moyenne
B-246 ...	63,4	20,3	16,3	129,2	2,05	4,4	33,5	?
B-247 ...	64,6	21,5	13,9	126,2	1,71	1,8	37,5	?
N-3	64,7	21,1	14,2	110,9	1,53	4,1	44,0	?
G-28	60,8	23,7	15,5	120,2	2,05	9,3	33,2	moyenne
G-32	63,9	20,5	16,6	128,3	1,96	5,1	33,4	?
S-1	65,6	21,3	13,1	128,8	1,85	3,6	32,8	?
Moyenne .	63,7	21,8	14,5	124,0	1,91	5,2	36,1	
Palmier à suivre pour la râfle								
N-9	58,7	23,0	18,3	111,4	2,07	3,4	51,2	assez bonne
2e Groupe : 20 à 25 % de coque Adê-Sran								
Palmier trop jeune à revoir								
B-256 ...	53,8	29,9	16,3	114,8	1,55	0,8	35,4	?
Palmiers productifs pour l'étude de l'influence saisonnière								
B-212 ...	67,2	20,7	12,1	115,1	1,57	9,5	45,2	très grande
B-213 ...	64,0	24,8	11,2	106,0	1,46	11,9	47,0	id.
Moyenne .	65,6	22,8	11,6	110,5	1,52	10,7	46,1	
Palmiers rejetés								
B-224 ...	67,4	21,1	11,5	119,4	1,57	1,57	9,3	bonne
G-8	63,6	23,3	13,1	124,6	1,00	1,8	35,7	grande
G-25	61,9	24,2	13,9	115,7	1,46	4,1	43,1	grande
D-4	60,6	27,0	12,4	117,9	2,04	7,3	31,2	moyenne
D-11	66,0	20,7	13,3	93,4	1,87	21,0	61,1	faible
A-53	62,8	24,1	13,1	122,1	1,71	15,5	23,6	moyenne
Moyenne .	63,7	23,4	12,9	115,5	1,61	9,8	39,1	
Moyenne générale	62,7	23,1	14,2	118,8	1,75	6,7	38,7	

Numéro du palmier	Composition moyenne du fruit			Coefficient physique total	Poids total des amandes	Fruits parthénocarpiques	Rafle	Productivité
	Péricarpe	Coque	Amande					
			3e Groupe : 25 à 30 % de coque Aquoi-Sran					
			Palmiers conservés					
B-204 ...	58,2	25,4	16,4	112,5	1,83	5,0	48,9	grande
N-12	59,0	25,7	15,3	114,6	1,96	4,3	41,4	bonne
G-18	54,1	29,9	16,0	115,8	2,25	2,7	32,0	grande
G-51	52,0	28,3	19,7	112,5	2,53	10,7	27,1	grande
Moyenne .	55,8	27,3	16,9	113,8	2,14	5,7	36,1	
			Palmiers à suivre pour la productivité					
B-219 ...	57,6	25,9	16,5	117,5	2,20	9,0	32,3	faible
B-229 ...	52,3	27,1	20,6	109,1	2,68	7,2	43,2	moyenne
B-244 ...	58,7	26,6	14,7	121,4	1,84	3,8	30,8	faible
Moyenne .	56,2	26,5	17,3	116,0	2,24	6,7	35,4	
			Palmier à suivre pour le poids des amandes					
B-232 ...	59,6	26,2	14,2	112,2	1,35	6,7	41,3	grande
			Palmiers rejetés					
B-210 ...	61,1	27,2	11,7	117,6	1,43	9,1	29,2	grande
B-242 ...	59,1	29,1	11,8	114,7	1,68	3,3	34,8	grande
G-12	60,6	25,5	13,9	111,3	1,71	6,6	44,0	faible
G-17	60,5	25,7	13,8	110,7	1,71	17,4	33,7	grande
Moyenne..	60,3	26,9	12,8	113,6	1,63	9,1	35,4	
Moyenne générale	57,7	26,9	15,4	114,1	1,93	7,1	36,1	
			4e Groupe : 30 % de coque Adé-Quoi					
			Palmiers rejetés					
B-248 ...	48,5	31,3	20,2	112,0	2,09	2,1	34,8	assez bonne
G-2	52,1	30,7	17,2	104,4	1,95	1,8	47,6	moyenne
Moyenne.	50,3	31,0	18,7	108,2	2,02	2,0	41,2	

(Ce sont des palmiers très voisins du 3e groupe
et qui représentent une élite parmi les palmiers communs du groupe Adé-Quoi.)

des poids d'une amande périphérique et d'une amande interne ne doit pas être inférieur à 1 gr. 50. Une seule exception a été consentie par le B-205, palmier jouissant d'une productivité remarquable (il a donné, du 23 janvier 1922 au 22 janvier 1923, 407 kilogs 590 de régimes, soit 235 kilogs 710 de fruits), qui le désignait tout particulièrement, et en remarquant, d'autre part, que ses fruits sont petits, 3 gr. 95 en moyenne, et que, par conséquent, ses amandes sont légères bien que normalement représentées.

1er *Groupe. Coque* 5,20% *Adé-Sran*

Les observations suivantes sont à noter pour ce premier groupe :

1° *Palmiers conservés* :

Le B-208 a été placé hors groupe pour figurer, en collection, comme type à péricarpe. Il accuse, en effet : 77,4% de péricarpe, 16,0 de coque et 6,6% d'amande, donnant un total de poids d'amandes de 0 gr. 99 pour des fruits moyens de 7 gr. 40. C'est donc, uniquement, un palmier d'étude qui serait à rejeter pour la sélection.

Le B-214 est un palmier bien équilibré, à belles amandes, à rafle très faible, dont la productivité n'a été médiocre que par suite du défaut de tout entretien. Depuis son dégagement, sa fructification s'améliore.

Le B-215, à production faible en 1923, s'améliore depuis sa mise en état d'aménagement. Le fruit est assez bien équilibré, les amandes sont lourdes et la râfle est faible. Il possède de très bons coefficients.

2° *Palmiers à suivre* :

Le B-245 est intéressant comme pourcentage d'amandes ; 14% de ses amandes sont de faible taille, 1 gr. 46 au total, mais cela provient de ce que les fruits sont petits, 5 gr. 25 en moyenne. Ce palmier sera suivi, pour juger de sa productivité, qui décidera de son maintien ou de son exclusion.

Le D-51 est un jeune palmier de 9 à 10 ans, se faisant remarquer par sa teneur en amande, 15,7%, avec un poids total satisfaisant de 1 gr. 73. La production est moyenne et la rafle est en proportion élevée. Il mérite cependant d'être revu, dans quelques années, car c'est à peine s'il arrive à l'âge adulte.

3° *Palmiers rejetés* :

Les palmiers B–220, B–225, B–253 ont été rejetés pour insuffisance de pourcentage d'amande. Le B–253, à grande productivité, est trop jeune et ne donne que des régimes très réduits ; il fait partie d'un carré de plantations fait par M. Leroide, en 1916, et qui sera examiné, plus en détail, dans quelques années.

2e *Groupe. Coque de 20 à 25 % Adé-Sran*

Les observations suivantes sont à noter pour le deuxième groupe :

1° *Palmiers conservés* :

Le B–205, qui a déjà été cité, se recommande d'une façon spéciale par son *énorme productivité* (236 kilogs 700 de fruits, en 1922), malgré la petitesse de ses amandes, provoquée par l'exiguité des fruits ; les coefficients sont bons.

Le N–4 est un palmier bien équilibré, quoique les amandes ne dépassent que de peu la limite de grosseur. La productivité est bonne, les coefficients sont assez bons.

Le N–7 a de bons coefficients et un bon pourcentage de grosses amandes ; la rafle est faible. La productivité est bonne.

Le G–33 a de bons coefficients et un bon pourcentage de grosses amandes, la rafle est faible. La productivité est moyenne, mais l'entretien était insuffisant.

2° *Palmiers à suivre* :

Le B–223 est un palmier bien équilibré à belles amandes. Les fruits parthénocarpiques, assez abondants, font cependant fléchir le coefficient physique jusqu'à la limite.

Le B–246 accuse un pourcentage élevé de belles amandes et une faible rafle. Il a de très bons coefficients.

Le B-247 est un palmier bien équilibré, à amandes moyennes bien représentées. Les coefficients sont très bons.

Le N° 3 est bien constitué ; il a peu de fruits parthénocarpiques, mais une rafle un peu abondante. Sa productivité est actuellement moyenne ; le coefficient total est moyen.

Le G-28 est bien équilibré, avec un bon pourcentage de belles amandes. Les fruits parthénocarpiques, un peu abondants, sont compensés par la faiblesse de la rafle. La productivité est actuellement moyenne.

Le G-32 est un palmier bien équilibré, à coque réduite, à belles amandes. Les coefficients sont élevés.

Le S-1 se recommande par ses hauts coefficients, sa teneur en amandes est moyenne, mais elles sont suffisamment lourdes.

Tous ces palmiers ne seront conservés que lorsque leur productivité régulière sera reconnue.

Le N 9 est intéressant pour sa production d'amandes. Son coefficient total est faible à cause de l'abondance de sa rafle, 51,2 %, la productivité actuelle est assez bonne. Ce palmier, mieux dégagé depuis quelque temps, sera suivi pour juger des variations de proportions de rafle et conservé, seulement, s'il y a une amélioration.

Le B-256 est un jeune palmier de 9 ans, à pourcentage d'amandes intéressant, malgré l'élévation de la coque, 29,9 %. Les fruits parthénocarpiques sont très rares. Il mérite d'être revu, dans quelques années.

Le B-212 et le B-213 sont des palmiers à très grande productivité ; le premier a donné 108 kilogs 505 de fruits, du 15 avril 1922 au 14 avril 1923, le second a donné 125 kilogs 480 de fruits pendant le même temps, mais ils accusent un pourcentage d'amandes faible, avec des variations pouvant abaisser le taux des amandes internes du B-213 jusqu'à 8,5 %. Ces palmiers sont néanmoins maintenus, car leur production est assez régulièrement étagée sur toute l'année et qu'ils peuvent donner des indications précieuses pour l'étude de l'influence des saisons.

3° *Palmiers rejetés* :

Les palmiers suivants ont été rejetés, pour diverses raisons :

Le B-224, pour insuffisance d'amandes et abondance de fruits parthénocarpiques.

Le G-8, en raison de la réduction des amandes.

Le G-25, pour insuffisance d'amandes et abondance de rafle.

Le D-4, pour abondance de coque et excès de fruits parthénocarpiques.

Le D-11 et le A-53, pour exagération de fruits parthénocarpiques.

3e *Groupe. Coque de 25 à 50 % Aquoi-Sran*

Le 3e groupe donne lieu aux observations suivantes :

1o *Palmiers conservés* :

Le B-204 est un palmier bien équilibré, à bon pourcentage de belles amandes. Le coefficient total n'est pas très élevé, car la rafle est assez abondante, mais sans excès. La productivité est grande.

Le N-12 a un fruit normal, à amandes assez abondantes et de bonne taille. Le coefficient total est bon. La productivité, bonne, ne peut que s'améliorer.

Le G-19 a une coque un peu épaisse, mais le pourcentage d'amande est assez élevé et celles-ci sont grosses. Les fruits parthénocarpiques sont très réduits, et la rafle très faible. La productivité est grande.

Le G-51 est un type à amandes très grosses et abondantes ; il est intéressant, bien que les fruits parthénocarpiques soient trop nombreux. La rafle, par contre, est très faible. La productivité est grande.

2o *Palmiers à suivre* :

Le B-219 est un palmier à bonne constitution, les amandes sont assez abondantes et grosses. Les fruits parthénocarpiques sont un peu nombreux, mais la rafle est faible, de sorte que le coefficient est bon. La productivité paraît restreinte ; de son amélioration dépend le maintien de ce sujet.

Le B 229 est intéressant pour ses amandes très abondantes et très grosses. Les fruits parthénocarpiques et la rafle sont moins favorables et, avec le péricarpe, abaissent le coefficient total très légèrement au-dessous de la limite. La productivité moyenne doit être suivie. C'est un bon type à amandes.

Le B–244 a des caractéristiques intéressantes, mais sa productivité actuelle est faible et demande à être suivie.

Ces trois palmiers ont une valeur certaine, mais ne pourront être conservés que si la productivité est plus favorable.

Le B–232, dont la productivité est grande, ne se montre un peu inférieur que par la teneur et la grosseur des amandes. Les régimes sont gros. Il sera à conserver si les analyses suivantes indiquent une amélioration du côté des amandes.

3° *Palmiers rejetés* :

Le B–210 est rejeté pour insuffisance des amandes et pour l'élévation des fruits parthénocarpiques, malgré une faiblesse remarquable de la rafle qui maintient le coefficient total à un taux élevé et une productivité grande.

Le B–242, à grande productivité, accuse cependant une coque trop abondante et un taux d'amandes trop faible.

Le G–12 est assez bien constitué, mais sa rafle est peu avantageuse et il fait preuve d'une faible productivité.

Le G–17, malgré une grande productivité, est à rejeter à cause de l'abondance des fruits parthénocarpiques qui abaissent notablement son coefficient total.

4e *Groupe. Coque 30 %, Adé-Quoi*

Ce groupe a été délaissé pour la sélection, où on ne pourrait songer à chercher des types à amandes sans pouvoir éviter des coques épaisses. Or, les groupes précédents ont fourni quelques sujets recommandables par la grosseur du taux de leurs amandes sans exagération de coque.

Deux sujets voisins de la limite B–248 et G–2 ayant respectivement 31,3 % et 30,7 % de coque, accusent 20,2 et 17,2 % d'amandes, donnant les poids totaux de 2 gr. 09 et 1 gr. 95. Leur productivité n'est qu'assez bonne. Ils sont donc inférieurs au B–229, supérieur comme producteur d'amandes et de péricarpe, et au G–51 qui, pour un pourcentage d'amandes semblable, présente des amandes notablement plus grosses.

En résumé, la première sélection de la région de Bingerville aboutit à l'adoption, définitive ou provisoire, des palmiers suivants :

1er *Groupe* :

1 palmier de collection envisagé comme type à péricarpe.

2 palmiers intéressants à suivre pour étudier leur productivité.

2 palmiers bien équilibrés.

2e *Groupe* :

4 palmiers faisant preuve d'aptitudes heureuses et d'une productivité reconnue bonne.

7 palmiers intéressants à suivre pour vérifier leur productivité.

2 palmiers intéressants mais à revoir, l'un pour suivre l'abondance de la rafle, l'autre en raison de son jeune âge.

3e *Groupe* :

4 palmiers bien équilibrés à bonne productivité reconnue.

3 palmiers intéressants à suivre pour étudier leur productivité.

1 palmier intéressant à suivre pour juger de l'accroissement de ses amandes.

4e *Groupe* :

Aucun palmier n'a présenté un intérêt suffisant pour être retenu ou suivi.

Soit, au total : 11 *palmiers conservés* dès maintenant.

15 *palmiers à suivre* pour vérifier leurs qualités et en particulier la productivité.

Ils forment un ensemble continu. Le B-208 est le type à prédominance exagérée du péricarpe abondant, la production d'amandes restant moyenne.

De bons types d'amandes sont représentés par le G-51 et le B-229, utiles comme hybridateurs des formes péricarpiques défaillantes en amandes.

Tous les autres ont des fruits normalement constitués avec un léger excès de péricarpe et un peu de faiblesse des amandes, la coque étant un peu abondante dans les 2e et 3e groupes.

La plupart des palmiers nouveaux, qui doivent être suivis pour la productivité, présentent une supériorité moyenne sur ceux qui sont désignés comme palmiers conservés.

La poursuite régulière des observations permettra, en fin d'année, d'opérer un nouveau classement avec élimination des sujets les moins avantageux, de façon à réduire le nombre des palmiers vraiment dignes d'être adoptés pour la sélection. L'analyse chimique et l'essai, à la presse hydraulique, qui pourront être bientôt effectués, viendront compléter et modifier, peut-être, l'ordre de valeur indiqué par l'examen physique, mais il est certain que l'influence de ce dernier restera prépondérante et que, par conséquent, les nombreuses précautions prises, au cours de cette étude, ne sont pas superflues.

Sur les premières recherches de Sélection du Palmier à Huile à la Côte d'Ivoire (1922 et début 1923)

par

J. LAVERGNE
Ingénieur agronome
Chef du Service du Laboratoire de la Station de La Mé
(Côte d'Ivoire)

PREMIÈRE PARTIE

Les recherches, concernant la sélection primaire du palmier à huile, ont été poursuivies, régulièrement, depuis le début de 1922.

L'étude des palmiers n'a porté que sur l'analyse physique, le laboratoire, par suite de retards regrettables dans la fourniture du matériel, n'étant pas encore outillé en juin 1923, c'est-à-dire près d'un an après l'envoi des commandes.

Le peuplement naturel et les plantations de Bingerville et de ses alentours immédiats comptent parmi les plus intéressants de la Côte d'Ivoire et sont ceux qui présentaient le plus de facilités pour la prospection. Celle-ci s'est donc limitée à cette seule région qui correspond, par la nature de son sol, à la grande majorité des terrains susceptibles de recevoir, dans l'avenir, des palmeraies de création.

Le nombre de sujets examinés est suffisamment abondant,

et les observations ont été assez continues, pour qu'il soit possible, dès maintenant, de juger sainement de la valeur comparative des divers sujets et des groupements que la dissection des résultats a permis d'établir.

L'étude approfondie des régimes a provoqué un gros déchet, parmi les premiers palmiers choisis à simple vue, et le travail a été beaucoup moins rapide qu'à Porto-Novo, car on se trouve, ici, en présence d'un peuplement spontané resté intact, où aucune intervention indigène n'a amorcé la sélection simple, pratiquée dans la banlieue de Porto-Novo et dans diverses régions du Dahomey. Les travaux d'aménagement sont récents et souvent très restreints, et les plantations ont été constituées à l'aide de jeunes plants sauvages.

Classement des palmiers

Le classement de dénomination des palmiers de la Côte d'Ivoire est établi sous la même forme que celui qui est adopté pour le Dahomey.

Pour les mêmes raisons, les groupes sont déterminés par le pourcentage de coque et non par l'épaisseur, en coupe transversale, qui ne laisse pas entrevoir les épaississements des extrémités terminales, qui ont cependant une influence prépondérante sur le poids des coques.

Le peuplement est originaire du palmier commun à fruits noirs, le *Dé-Yaya* du Dahomey, et on observe, comme pour ce dernier, une série de stades intermédiaires, évoluant de la forme stérile, sans noix, à la forme à noyau énorme très pauvre en péricarpe.

Les descendants du palmier à fruits verts sont excessivement rares et généralement dépourvus d'intérêt.

Les dénominations employées pour le peuplement de Bingerville sont empruntées à la langue *ébrié* qui ne dispose, du reste, que d'appellations restreintes, divisant le peuplement en trois groupements seulement :

L'Adé-Sran est un palmier à péricarpe épais, prédominant.

L'Aquoi-Sran est un palmier où le péricarpe et l'amande sont normalement répartis.

L'Adé-Quoi est un palmier à prédominance de noix.

Par analogie avec ce qui a été admis pour le Dahomey, la gradation, reposant sur le pourcentage de coque, peut recevoir les appellations suivantes :

1er groupe : coque très mince (20 % du fruit) : Adé-Sran
2e groupe : coque mince (20 à 25 % du fruit) : id.
3e groupe : coque moyenne (25 à 30 % du fruit) : Aquoi-Sran
4e groupe : coque épaisse (30 % du fruit) : Adé-Quoi.

Les deux premiers groupes se trouvent réunis sous la même appellation ; ils correspondent, du reste, à la catégorie la plus intéressante des palmiers à envisager pour la sélection directe.

Les caractéristiques de ces divers groupes, au point de vue de leur constitution et de leurs coefficients moyens, sont les suivantes :

1er groupe. *Coque très mince (20 % du fruit : Adé-Sran)*

La moyenne des analyses donne la composition suivante, en excluant le type à prédominance du péricarpe au détriment de l'amande (B 208), qui ne correspond plus à une constitution normale et fausserait les indications réelles :

Péricarpe	68,9 %	
Coque	18,3 —	
Amande	12,8 —	
Fruits parthénocarpiques	8,1	
Rafle	40,2	
Coefficient physique par rapport aux fruits normaux		81,7
— — — — totaux		74.8
— — — au régime		48,9
Coefficient total		123,7

2e groupe. *Coque mince, 20 à 25 % du fruit : Adé Sran*

La moyenne des analyses donne la composition suivante :

Péricarpe	62 7
Coque	23,1
Amande	14,2
Fruits parthénocarpiques	6,7
Rafle	38,7

Coefficient physique par rapport aux fruits normaux.	76,9
— — — — totaux...	71,7
— — — au régime,........	47,1
Coefficient total...............	118,8

3e groupe. *Coque moyenne,* 25 à 30 % *du fruit : Aquoi-Sran*

La moyenne des analyses donne la composition suivante :

Péricarpe.....................	57,7 %
Coque........................	26,9 —
Amande......................	15,4 —
Fruits parthénocarpiques.......	7,1
Rafle.........................	35,9
Coefficient physique par rapport aux fruits normaux.	73,1
— — — — totaux...	67,9
— — — au régime.........	46,9
Coefficient total...............	114,8

4e groupe. *Coque épaisse,* 30 % *du fruit : Adé-Quoi*

La moyenne des analyses de palmiers, de forme commune, donne :

Péricarpe.....................	45,7 %
Coque........................	40,1 —
Amande......................	14,2 —
Fruits parthénocarpiques.......	5,2
Rafle.........................	38 3
Coefficient physique par rapport aux fruits normaux.	59,9
— — — — totaux...	56,6
— — — au régime.........	37,0
Coefficient total...............	93,8

Tel est l'aspect moyen de la valeur économique de chaque groupe d'après des examens suffisamment nombreux pour exclure l'influence prépondérante des cas exceptionnels.

Le premier groupe représente une valeur industrielle élevée, mais il la doit, surtout, à son abondance de péricarpe et à la faiblesse de sa coque. Il paraît malheureusement moins stable que les deux groupes suivants, à coque plus épaisse, mais plus riches en amandes, tout en conservant une bonne teneur en péricarpe, qui seront particulièrement précieux pour la fécondation artificielle.

Le quatrième groupe est sans intérêt ; il possède certains sujets riches en amandes, mais accuse une valeur industrielle totale trop faible, sans fournir d'hybridateurs d'amandes avantageux en raison de l'épaisseur exagérée de sa coque.

Etude comparative de la constitution des fruits périphériques et des fruits internes

Caractères extérieurs

Les fruits internes sont de plus petite taille que les fruits périphériques. Ils sont anguleux par compression, se rattachant à la forme pyramidale. Leur coloration est plus claire que celle des fruits périphériques et, tandis que ceux-ci sont ombrés ou teintés de noir-pourpre ou de châtain, les points internes sont de teinte rouge-orangé à jaune-orangé presque uniforme (sauf à l'extrémité libre où ubsiste, assez souvent, une auréole généralement peu étendue).

Les noix des fruits internes sont anguleuses et souvent dissymétriques, tandis que celles des fruits périphériques sont plus régulières.

La même différence se retrouve enfin sur les amandes, toujours due à la différence de compression.

Composition centésimale

Les études faites ont donné les résultats suivants au point de vue de la comparaison entre les deux catégories de fruits (résultats consignés, palmier par palmier, dans le tableau 1) :

1er groupe : *Palmiers à coque très mince* (proportion de coque inférieure à 20 %).

Les différences moyennes de composition centésimale des fruits internes par rapport aux fruits périphériques sont :

— 7,8 % pour le péricarpe.
+ 3,7 % pour la coque.
+ 4,1 % pour l'amande.

Les extrêmes observés sont :

— 5,6% et — 9,4% pour le péricarpe.
+ 0,6% et + 5,0% pour la coque.
+ 2,9% et + 5,5% pour l'amande.

2e groupe : *Palmiers à coque mince* (de 20 à 25% du fruit).

Les différences moyennes sont ici de :

— 7,3% pour le péricarpe.
+ 3,2% pour la coque.
+ 4,1% pour l'amande.

Avec les extrêmes suivants :

— 3 1% et — 11,5% pour le péricarpe.
+ 0,0 et + 9,9% pour la coque.
+ 2,2% et + 6 0% pour l'amande.

Dans un cas, il a été observé des écarts en sens inverse de la règle générale.

Le régime du B-205, récolté le 11 février 1922, a donné les écarts :

+ 0,9% pour le péricarpe.
— 0,1% pour la coque.
— 0,8% pour l'amande.

Mais cette anomalie n'a plus été retrouvée dans les sept analyses physiques suivantes du même sujet, elle est donc purement accidentelle.

3e groupe : *Palmiers à coque moyenne* (coque de 25 à 30% du fruit).

Les différences moyennes sont :

— 6,6% pour le péricarpe.
+ 2,6% pour la coque.
+ 4,0% pour l'amande.

Et les extrêmes :

— 1,3% et — 10,2% pour le péricarpe.
+ 0,4% et + 5,2% pour la coque.
+ 2,3% et + 5,8% pour l'amande.

Le B-229 a, par exception, une proportion de coque plus faible dans les fruits internes, mais il n'a encore été fait qu'une étude de fruits sur ce palmier, et la loi générale n'est nullement infirmée par ce résultat.

4e groupe : *Palmiers à coque épaisse* (proportion de coque supérieure à 30%).

Ce groupe comprend surtout des palmiers quelconques à coque épaisse, étudiés à titre documentaire pour servir de types de comparaison, mais non soumis au classement pour la sélection en raison de leur infériorité évidente. Deux sujets à classer : G-2 et B-248, dont la proportion de coque approche de 30% ; ils viennent se placer, dans ce groupe, dont ils constituent, en somme, l'élite.

Les différences moyennes de composition sont ici de :

— 3,0% pour le péricarpe.
+ 0,5% pour la coque.
+ 3,5% pour l'amande.

Avec les extrêmes :

0,0 et - 12,0 pour le péricarpe.
+ 0,1 et + 5,4% pour la coque.
+ 0,1 et + 6,8% pour l'amande.

Les différences moyennes sont nettement plus faibles que dans les autres groupes en ce qui concerne le péricarpe et la coque. En outre, les exceptions paraissent ici fréquentes.

Le T-9 accuse une teneur en péricarpe des fruits internes supérieure de 3,5% à celle des fruits périphériques. Pour la coque, dix palmiers sur quinze étudiés ont une proportion plus élevée dans les fruits périphériques.

En résumé, les différences de composition centésimale, entre les fruits internes et les fruits périphériques, se caractérisent ainsi :

1° *Proportion plus faible de péricarpe*, la différence moyenne croissant avec la minceur de la coque ;

2° *Proportion plus élevée de coque* dans les palmiers des 1er, 2e et 3e groupes, la différence croissant du 3e au 1er groupe. Dans le 4e groupe, il y a une tendance à l'égalisation des teneurs en coque des fruits périphériques et des fruits internes ;

3° *Proportion plus élevée d'amande* dans tous les cas, la différence moyenne croissant légèrement avec la minceur de la coque.

Poids des fruits et des amandes (tableau II)

Fruits. — La comparaison des poids moyens de chaque groupe donne les résultats suivants :

GROUPE	POIDS MOYEN DES FRUITS			EXTRÊMES OBSERVÉS			
				Fruits périph.		Fruits internes	
	Périph.	Internes	Moyenne	Max.	Min.	Max.	Min.
1er groupe.	8 ,50	5 ,75	7 ,20	12 ,15	6 ,60	8 ,85	4 ,05
2e groupe.	7 ,15	5 ,35	6 ,30	9 ,30	4 ,30	6 ,90	3 ,30
3e groupe.	7 ,30	5 ,10	6 ,20	8 ,40	5 ,90	6 ,00	4 ,20
4e groupe.	10 ,15	6 ,80	8 ,35	15 ,20	6 ,40	11 ,30	4 ,80

La moyenne générale de l'ensemble des palmiers étudiés est de :

8 gr. pour les fruits périphériques.
5,50 pour les fruits internes.

Avec les extrêmes suivants :

15,20 et 4,30 pour les fruits périphériques.
11,30 et 3,30 pour les fruits internes.

Le poids moyen des fruits normaux (périphériques et internes) de l'ensemble des palmiers est de : 7 gr. 00. Les extrêmes absolus observés ont été de 25 gr. 00 (dans les fruits périphériques d'un régime T-3) et 1 gr. 10 (dans les fruits internes d'un régime de B-205).

1er *groupe.* — Le poids moyen des fruits internes représente, en moyenne, 67,6 % du poids moyen des fruits périphériques.

La différence moyenne est de 2 gr. 95.

Les extrêmes de cette différence sont de 3 gr. 60 (palmier A-1) et — 1 gr. 55 (B-214).

2e *groupe* — 74,8 % en moyenne.
La différence moyenne est de 1 gr. 80.
Les écarts extrêmes sont : — 2 gr. 80 (S–1) et 1,00 (G-8).

3e *groupe.* — 69,9 % en moyenne.
La différence moyenne est de 2 gr. 20.
Les écarts extrêmes sont : 3 gr. 75 (N–12 et 1,10 (B–229).

4e *groupe.* — 67,0 % en moyenne.
La différence est de 3 gr. 35.
Les écarts extrêmes : — 7 gr. 30 (T–6) et — 1,10 (G–2).

On remarquera qu'il n'y a pas de continuité apparente d'un groupe à l'autre dans les résultats de cette étude. Le poids moyen des fruits des palmiers à coque épaisse est cependant nettement plus élevé que celui des autres groupes.

Amandes. — En comparant les poids moyens dans chaque groupe, on a les résultats ci-après :

GROUPE	POIDS MOYEN DES AMANDES			EXTRÊMES OBSERVÉS			
				Fruits périph.		Fruits internes	
	Périph.	Internes	Moyenne	Max.	Min.	Max.	Min.
1er groupe.	0g76	0g76	0g76	0g98	0g49	1g18	0g50
2e groupe.	0,89	0,88	0,89	1,20	0,48	1,06	0,52
3e groupe.	0,93	0,87	0,91	1,36	0,58	1,32	0,49
4e groupe.	1,31	1,04	1,11	1,80	0,81	1,50	0,84

La moyenne générale de l'ensemble des palmiers étudiés est de :

1 gr. 00 dans les fruits périphériques.
0 gr. 90 dans les fruits internes.

Avec les extrêmes suivants :

1 gr. 80 et 0 gr. 48 dans les fruits périphériques.
1 gr. 50 et 0 gr 49 dans les fruits internes.

Le poids moyen général des amandes des palmiers étudiés est de 0 gr. 93. Les extrêmes absolus observés ont été de 3 gr. 20 (dans les fruits périphériques d'un régime du T–14, palmier du type *macrocarpa* A. Chev. laissé de côté dans l'étude générale comme trop exceptionnel) et 0 gr. 19 (dans les fruits périphériques d'un régime de B–213).

1er *groupe* — Les poids moyen des amandes des fruits internes et des fruits périphériques sont égaux dans l'ensemble.

Les écarts extrêmes observés sont : + 0 gr 20 (B-214) et — 0,01 B–225).

2e *groupe* — Les poids moyens sont encore sensiblement égaux pour l'ensemble du groupe. Les écarts sont : 0 gr. 18 (palmier N–7) et 0,00 (G–25).

3e *groupe.* — Le poids moyen des amandes des fruits internes n'est, dans l'ensemble, que les 94/100e du poids moyen des amandes périphériques, la différence moyenne étant de — 0 gr. 06.

Les écarts extrêmes observés sont : — 0 gr. 36 (N–12) et — 0 gr. 01 (G–17).

4e *groupe* — Le poids moyen des amandes des fruits internes représente, dans l'ensemble, 79% du poids moyen des amandes des fruits périphériques. Différence moyenne : — 0 gr. 27.

Les écarts observés sont : — 0 gr. 88 (T–13) et + 0 gr. 03 (G–2).

Si on fait le total des poids moyens des amandes internes, on trouve :

1 gr. 52 pour le 1er groupe (coque très mince).
1 gr. 77 pour le 2e groupe (coque mince).
1 gr. 78 pour le 3e groupe (coque moyenne).
2 gr. 15 pour le 4e groupe (coque épaisse).
Et pour l'ensemble des palmiers étudiés : 1 gr. 84.

On peut résumer ainsi l'étude comparative des poids moyens des fruits et des amandes dans les fruits périphériques et dans les fruits internes :

1o *Les fruits internes sont régulièrement plus petits que les fruits périphériques* ; il ne semble pas y avoir de relation entre l'importance de la différence et l'épaisseur de la coque ;

2° *Les amandes internes sont aussi, dans l'ensemble, plus petites que les amandes périphériques.* Mais tandis que la différence moyenne est importante pour le 4e groupe (coque épaisse), elle devient faible pour le 3e (coque moyenne et sensiblement nulle pour le 2e et le 1er (coque mince ou très mince). En outre, si l'on examine les poids moyens individuels, on trouve d'assez nombreux cas où le poids moyen des amandes internes est plus élevé que celui des amandes périphériques.

Cette divergence semble augmenter de fréquence et d'importance en allant du 4e au 1er groupe.

Etude des variations de la constitution des régimes et de la composition des fruits aux cours de l'année

Au début des recherches, il n'a été étudié, sur chaque palmier repéré, qu'une seule récolte, celle faite au moment du repérage. Lorsqu'un certain nombre de sujets a été ainsi examiné de manière à avoir une idée du peuplement de la région, des analyses physiques supplémentaires ont été faites sur de nouvelles récoltes de sujets déjà repérés.

Des écarts, souvent importants, avec les résultats de la première analyse, ont été constatés, conduisant à soupçonner une variation saisonnière.

Ce fait constaté, un certain nombre de sujets repérés ont été suivis très régulièrement, les analyses physiques répétées sur chaque récolte, afin de rechercher l'allure des variations au cours de l'année.

Cette étude, commencée en juillet 1922, n'est qu'à son début, et la plus grande partie des résultats exposés ci-après ne correspond qu'à la période juillet 1922-avril 1923. L'étude sera poursuivie, non seulement d'avril à juin 1923, mais pendant plusieurs années ; ce n'est qu'alors que des conclusions définitives pourront être énoncées.

Variations dans la constitution des régimes

Les tableaux V, VI et VII donnent les plus grandes variations observées sur un certa n nombre de palmiers de chaque groupe.

1° Dans la proportion de fruits totaux par rapport au régime (tableau V) ;

2° Dans la teneur en fruits parthénocarpiques par rapport au régime et par rapport aux fruits totaux (tableau VI) ;

3° Dans les proportions respectives de fruits périphériques normaux et de fruits internes normaux (tableau VII).

Sur ces tableaux ont été consignées, en outre, les dates où les extrêmes ont été constatés.

Proportion de fruits totaux dans le régime

De l'examen du tableau, il est impossible de tirer aucune loi.

Les variations sont généralement très importantes, mais absolument irrégulières. Les valeurs extrêmes sont observées à des époques quelconques de l'année et, de plus, il arrive qu'elles soient très rapprochées. Ainsi, pour le B-213, dont la production s'est pourtant échelonnée régulièrement du 15 avril 1922 au 15 avril 1923, le pourcentage minimum de fruits totaux dans le régime a été constaté sur la récolte de 16 mars 1923, le pourcentage maximum sur celle du 11 avril 1923, soit moins d'un mois après, et l'écart est grand : 24,2 %. De même, pour le T-4, observé pendant dix mois, on constate le minimum le 14 février 1923, le maximum le 21 février 1923, soit à une semaine d'intervalle, et l'amplitude est considérable : 22,6 %.

L'exemple du B-242 ne peut être invoqué ici, les six études faites sur ce palmier ne portant que sur deux mois.

Proportion de fruits parthénocarpiques

Les variations de la proportion de fruits parthénocarpiques, soit par rapport au régime, soit par rapport aux fruits totaux, ne semble pas, non plus, avoir une régularité quelconque.

Les extrêmes sont observés à des dates quelconques, quelquefois très rapprochées.

Tel le B-212, à production bien répartie sur les divers mois et qui, pour la proportion de fruits parthénocarpiques par rapport aux fruits totaux, donne son mininum le 9 janvier 1923, son maximum le 13 janvier de la même année, l'amplitude étant de 16,0 %.

Tel encore le T-4 qui, dans la proportion par rapport aux régimes et aux fruits totaux, accuse un minimum le 21 février 1923, un maximum le 14 février de la même année, l'amplitude étant de 6,9 (proportion par rapport aux régimes) et 18,9 (proportion par rapport aux fruits totaux).

Il est à remarquer, enfin, que les dates des extrêmes de la proportion de fruits parthénocarpiques, par rapport aux régimes, sont très fréquemment différentes des dates extrêmes de la proportion par rapport aux fruits totaux.

Proportions respectives de fruits périphériques et de fruits internes dans les fruits normaux

Ici encore, oscillations désordonnées, ainsi que le montre l'examen du tableau VII. Il n'a pas paru utile d'y faire figurer les proportions de fruits internes, qui sont les compléments à 100 des proportions de fruits périphériques.

Il est à noter que l'amplitude des variations est souvent élevée. La plus faible valeur figurant au tableau est 2,0 %, mais le palmier qu'elle concerne (B-219), peu productif, n'a été étudié que deux fois. On remarque, par contre, une amplitude de 24,3 % dans le B-265, de 29,2 % dans le T-4.

Variations du poids des fruits et des amandes

Fruits. — La comparaison des poids moyens des fruits, aux différentes époques, ne permet pas de tirer une conclusion nette (voir tableau VIII).

Les poids moyens au cours de la période novembre-mars semblent plus élevés, d'une manière générale, que pendant la période avril-octobre. Les maxima ont lieu presque toujours au cours de la première période (exception pour le B-220).

Etant donné que le nombre d'observations successives, de novembre à mars, est beaucoup plus élevé que pendant l'autre période, la comparaison ne peut encore être faite utilement et il est préférable de s'abstenir de déductions nettes jusqu'à ce que l'étude soit complétée.

Il y a lieu d'appeler l'attention sur l'ordre de grandeur des variations constatées.

Dans le B-205, on a, comme poids moyen minimum, 3 gr. 25 (le 10 novembre 1922), comme maximum, 6 gr. 60 (le 11 février 1922), soit une variation extrême de 3 gr. 35 (plus que du simple au double).

Dans le B-213, le minimum est de 4 gr. 15 (le 2 octobre 1922), le maximum de 9 gr. 35 (le 15 mars 1923), amplitude : 5 gr. 20.

Enfin, le T-4 a donné un minimum de 6 gr. 25, un maximum de 14 gr. 70, soit une amplitude de 8 gr. 45, encore plus importante que dans les exemples précédents.

Amandes. — Pour la même raison que dans le cas des fruits, il n'est pas possible de tirer actuellement une conclusion sûre des observations faites, et on ne peut qu'attirer l'attention sur l'importance des variations constatées.

L'amplitude dans les palmiers faisant l'objet du tableau IX ne descend pas au-dessous de 0 gr. 10, même dans le B-219, étudié seulement deux fois (à des époques nettement différentes il est vrai). Elle atteint 0 gr. 41 dans le B-205, 0 gr. 62 dans le T-4.

Variations de la composition centésimale des fruits

Quelques palmiers, par l'abondance de leur production et par l'échelonnement de cette production, sur une période étendue, ont permis d'amorcer l'étude des oscillations saisonnières de la composition physique des fruits.

Pour faciliter la comparaison des variations sur ces divers palmiers, il a été établi des graphiques représentatifs :

1° De la proportion de péricarpe :

dans les fruits périphériques,
dans les fruits normaux,
dans l'ensemble des fruits (graphique I) ;

2° De la proportion de coque dans les mêmes catégories de fruits (graphique II) ;

3° De la proportion d'amande dans les mêmes catégories de fruits (graphique III).

Sur ce dernier graphique ont été reportées les courbes représentatives des variations du péricarpe, de la coque et de l'amande dans l'ensemble des fruits normaux, c'est-à-dire les variations de la composition moyenne des fruits normaux.

Remarquons que les points représentatifs des pourcentages des divers éléments ont seuls un sens concret, le trait qui relie ces points n'ayant d'autre but que de rendre les variations apparentes à l'œil.

Variations dans les fruits périphériques

Péricarpe. — Les renseignements ne sont nombreux que pour les palmiers B-205, B-212 et B-213, et, pour ceux-là seulement, ils portent sur une période assez étudiée.

L'examen de la courbe des fruits périphériques dans le graphique I montre une certaine communauté d'allure dans les quatre palmiers. Il y a une chute marquée de la richesse en péricarpe en septembre, le début d'octobre étant un point bas sur les courbes des quatre palmiers (en laissant de côté les observations de juillet relatives à B-205, qui n'ont pas de parallèle avec les autres sujets).

La période de fin novembre à fin mars est une période de richesses élevées en péricarpe. Sur le B-212 et le B-213, on observe des oscillations assez marquées au cours de cette période.

Il ne paraît possible d'en tirer une conclusion vu qu'elles sont, et pour des intervalles souvent courts, dirigées tantôt dans un sens, tantôt dans l'autre.

Le tableau X, où ont été portées les valeurs extrêmes observées, accuse des amplitudes élevées. Le B-212 et le B-213, notamment, ont des écarts respectifs de 1.7 et 17.0 entre les pourcentages extrêmes de péricarpe.

Coque. — Pour la coque, les fruits périphériques des quatre palmiers manifestent des variations également assez parallèles et *grossièrement inverses* des variations du péricarpe.

Partant de valeurs élevées en septembre-octobre, a proportion de coque décroît ensuite jusqu'en décembre-janvier, se maintient en moyenne basse, avec oscillations irrégulières jusqu'en fin mars.

L'amplitude des variations observées atteint 10.0% du fruit pour le B 205, 10,3 pour le B 212, 9,7 pour le B-213.

Amande. — Les variations de l'amande sont sensiblement parallèles à celles de la coque.

Diminution importante et rapide du pourcentage de septembre-octobre à décembre, ensuite oscillations relativement peu importantes autour d'une moyenne peu élevée jusqu'en fin mars.

L'amplitude des variations atteint 6,0% du fruit dans le B–205, 6,1 dans le B–212, 7,6 dans le B–213. Dans ce dernier, elle dépasse la valeur minima, qui est de 6,6.

Variations dans les fruits internes

Les variations de composition sont très analogues à celles des fruits périphériques.

Les courbes ont la même forme générale, malgré quelques divergences (telle que l'augmentation de la proportion d'amandes dès fin novembre dans les fruits internes du B-205).

Les amplitudes intéressantes à signaler en raison de leur importance sont :

Dans le B–205 : 13,3% du fruit pour le péricarpe,
8,3% pour la coque,
6,6% pour l'amande.
Dans le B–213 : 10,4% pour le péricarpe,
6,7% pour la coque,
5,3% pour l'amande.

Ces chiffres sont plus faibles que pour les fruits périphériques. A noter, aussi, que les courbes relatives aux fruits internes paraissent généralement un peu moins heurtées que celles des fruits périphériques.

Ces derniers seraient donc les plus affectés par les variations saisonnières (?).

Variations de la composition moyenne des fruits normaux

La correspondance entre les courbes relatives aux trois éléments d'un même palmier : péricarpe, coque, amande, est plus parfaite que dans le cas des courbes par catégorie de fruit, les irrégularités s'effaçant en partie (elles étaient dues, probablement, à l'imperfection de la séparation des deux lots, périphérique et interne).

Les courbes de la coque et de l'amande sont presque parallèles et très régulièrement inverses de celle du péricarpe.

Les variations constatées, au cours de la période d'études, se ramènent, comme dans le cas des lots séparés, à ceci :

Progression de la teneur en péricarpe

De *septembre* ou du *début d'octobre* jusqu'en *décembre-janvier*, cette progression se faisant à la fois au *détriment de la coque et de l'amande*. A partir de janvier, les trois éléments du fruit oscillent autour d'une moyenne qui, par rapport à septembre-octobre, est élevée pour le péricarpe, basse pour la coque et l'amande.

Le tableau XI donne quelques chiffres extrêmes. On y remarque particulièrement les amplitudes élevées suivantes :

B-205 : 13,1 % du fruit pour le péricarpe.
8,5 % pour la coque.
5,5 % pour l'amande.
B-212 : 11,2 % pour le péricarpe.
8,5 % pour la coque.
5,3 % pour l'amande.
B-213 : 16,5 % pour le péricarpe.
9,3 % pour la coque.
7,2 % pour l'amande.

Aux renseignements concernant les quatre palmiers B-205, 212, 213 et 232, ont été ajoutés ceux recueillis sur les variations du B-224 et du B-242. Ces derniers, en raison des périodes peu étendues et trop espacées de leur fructification, n'ont pu entrer en ligne dans l'examen général ; mais il est intéressant de constater que, pour les périodes qu'ils concernent, les graphiques sont en concordance avec ceux des quatre palmiers servant d'exemples typiques.

Conclusions

Ce qui précède n'est qu'une amorce de l'étude des variations saisonnières de la fructification de l'Elæis. Cette étude, pour aboutir à des conclusions sûres, et vraiment intéressantes, demande plusieurs années d'observations sur un nombre suffisant de sujets. Le nombre de palmiers se prêtant à ce travail est relativement restreint dans le peuplement spontané, la plupart des palmiers, non régulièrement entretenus depuis longtemps, donnant leurs récoltes par périodes assez courtes et fort espacées. Mais l'entretien régulier des sujets repérés élargira progressivement les périodes de fructification permettant une étude de plus en plus complète des fluctuations annuelles.

Ces variations sont, en toute vraisemblance, sous la dépendance des conditions météorologiques. Il semble que des régimes formés à la fin de la grande saison sèche (février-mars), soient les plus pauvres en péricarpe, les plus riches en coque et amande. Les régimes formés d'avril à novembre seraient à teneur relativement élevée en péricarpe, à faible teneur relative en coque et amande.

Il est impossible, sans des observations répétées et sans la comparaison des résultats de plusieurs années avec les chutes d'eau et surtout avec *leur répartition* sur chaque année, de trouver une explication convenable aux variations saisonnières. Il n'y a donc lieu de ne retenir ce qui précède qu'à titre de simple impression.

L'important était de constater l'existence des variations et leur ordre de grandeur, en raison des précautions spéciales qu'elles rendent nécessaires pour le choix des sujets devant servir de départ pour les sélections.

TABLEAU I

COMPARAISON DES COMPOSITIONS PHYSIQUES DES FRUITS PÉRIPHÉRIQUES ET INTERNES

PALMIERS	FRUITS PÉRIPHÉRIQUES			FRUITS INTERNES			DIFFÉRENCES			EXTRÊMES
	Péricarpe	Coque	Amande	Péricarpe	Coque	Amande	Péricarpe	Coque	Amande	
1er GROUPE : *Palmiers à coque très mince* (moins de 20% du fruit)										
B-208 ...	79,7	14,7	5,6	72,9	18,6	8,5	— 6,8	+ 3,9	+ 2,9	*Péricarpe :* Minima : — 5,6 (B-215)
B-214 ...	73,5	15,1	11,4	64,8	18,3	16,0	— 8,7	+ 3,2	+ 5,5	Maxima : — 9,4 (B-225)
B-215 ...	71,5	17,8	10,7	65,9	18,4	15,7	— 5,6	+ 0,6	+ 5,0	*Coque** Minima : + 0,6 (B-215)
B-220 ...	72,6	17,7	9,7	65,6	21,5	12,9	— 7,0	+ 3,8	+ 3,2	Maxima : + 5,0 (B-225)
B-225 ...	74,1	16,1	9,8	64,7	21,1	14,2	— 9,4	+ 5,0	+ 4,4	*Amande* Min. : + 2,9 (B-208)
B-245 ...	70,0	17,6	12,4	61,2	22,4	16,4	— 8,8	+ 4,8	+ 4,0	Max. : — 5,5 (B-214)
A-1	81,5	11,7	6,8	72,3	16,5	11,2	— 9,2	+ 4,8	+ 4,4	
G-30	79,4	12,6	8,0	72,5	16,2	11,3	— 6,9	+ 3,6	+ 3,3	
Moyenne	75,3	15,4	9,3	67,5	19,1	13,4	— 7,8	+ 3,7	+ 4,1	
2e GROUPE : *Palmiers à coque mince* (de 20% à 25% du fruit)										
B-205 ...	65,6	21,1	12,5	57,8	25,6	16,6	— 7,8	+ 3,7	+ 4,1	*Péricarpe :*
B-212 ...	69,7	19,7	10,6	63,1	22,6	14,3	— 6,6	+ 2,9	+ 3,7	Minima : — 3,1 (S-I)
B-213 ...	68,6	22,5	8,9	57,1	28,4	14,5	— 11,5	+ 5,9	+ 5,0	Maxi. : — 11,5 (B-213)
B-224 ...	69,6	20,0	10,4	64,7	22,4	12,9	— 4,9	+ 2,4	+ 2,5	*Coque :*
B-223 ...	65,5	22,8	11,7	57,6	26,3	16,1	— 7,9	+ 3,5	— 4,4	Min. : 0,0 (S-I)
B-246 ...	66,7	18,8	14,5	56,9	23,3	19,8	— 9,8	+ 4,5	+ 5,3	Max. : + 5,9 (B-213)
B-247 ...	67,2	20,4	12,4	61,0	23,0	16,0	— 6,2	— 2,6	+ 3,6	*Amande*
N-3	67,3	20,0	12,7	61,4	22,5	16,1	— 5,9	+ 2,5	+ 3,4	Min. : + 2,2 (G-28)
N-4	66,6	20,6	12,8	55,5	25,7	18,8	— 11,1	+ 5,1	+ 6,0	(Max. : + 6,0 (N-2)
N-7	65,2	21,1	13,7	58,7	23,8	17,5	— 6,5	+ 2,7	+ 3,8	
N-9	62,0	21,8	16,2	54,9	24,3	20,8	— 7,1	+ 2,5	+ 4,6	
G-8	67,5	21,3	11,2	58,4	25,9	15,7	— 9,1	+ 4,6	+ 4,5	
G-25	65,4	22,7	11,9	56,9	26,4	16,7	— 8,5	+ 3,7	+ 4,8	
G-28	62,7	22,7	14,6	58,0	25,2	16,8	— 4,7	+ 2,5	+ 2,2	
G-32	66,6	19,4	14,0	59,8	22,2	18,0	— 6,8	+ 2,8	+ 4,0	
G-33	62,6	23,2	14,2	57,2	25,9	16,9	— 5,4	+ 2,6	+ 2,7	
D-4	62,7	26,2	11,1	57,0	28,2	14,8	— 5,7	+ 2,0	+ 3,7	
D-11 ...	68,1	19,8	12,1	57,8	24,2	18,0	— 10,3	+ 4,4	+ 5,9	
S-1	67,1	21,3	11,6	64,0	21,3	14,7	— 3,1	00,0	+ 3,1	
Moyenne .	66,1	21,4	12,5	58,8	24,6	16,6	— 7,3	+ 3,2	+ 4,1	

Tableau I (*Suite*)

Palmiers	Fruits périphériques			Fruits internes			Différences			Extrêmes
	Péricarpe	Coque	Amande	Péricarpe	Coque	Amande	Péricarpe	Coque	Amande	
				3e Groupe : *Palmiers à coque moyenne* (de 25 à 30% du fruit)						
T-12	64 ,5	26 ,8	8 ,7	57 ,8	36 ,0	11 ,6	— 6 ,7	+ 3 ,8	+ 2 ,9	*Péricarpe* : Minima : — 1 ,3 (B-229) Maxima : — 10 ,2 (B-242) *Coque* : Minima : 0 ,4 (G-12) Maxima : 5 ,2 (B-242) *Amande* Minima : + 2,3 (G-17) Max. : + 5 ,8 (B-232)
B-204 ...	61 ,1	24 ,4	14 ,5	53 ,8	26 ,8	19 ,4	— 7 ,3	+ 2 ,4	+ 4 ,9	
B-210 ...	64 ,9	25 ,1	10 ,0	56 ,0	30 ,1	13 ,9	— 8 ,9	+ 5 ,0	+ 3 ,9	
B-219 ...	60 ,0	25 ,3	14 ,7	53 ,5	27 ,1	19 ,4	— 6 ,5	+ 1 ,8	+ 4 ,7	
B-229 ...	52 ,9	27 ,9	19 ,2	51 ,6	26 ,3	22 ,1	— 1 ,3	+ 1 ,6	+ 2 ,9	
B-232 ...	65 ,0	23 ,9	11 ,1	55 ,0	28 ,1	16 ,9	— 10 ,0	+ 4 ,2	+ 5 ,8	
B-242 ...	62 ,9	27 ,2	9 ,9	52 ,7	32 ,4	14 ,9	— 10 ,2	+ 5 ,2	+ 5 ,0	
B-244 ...	60 ,5	26 ,1	14 ,4	55 ,8	27 ,4	16 ,8	— 4 ,7	+ 1 ,3	+ 3 ,4	
N-12 ...	61 ,1	24 ,7	14 ,2	53 ,7	28 ,3	18 ,0	— 3 ,4	+ 3 ,6	+ 3 ,8	
G-12	62 ,2	25 ,4	12 ,4	57 ,3	25 ,8	16 ,9	— 4 ,9	+ 0 ,4	+ 4 ,5	
G-17	62 ,9	24 ,4	12 ,7	58 ,0	27 ,0	15 ,0	— 4 ,9	+ 2 ,6	+ 2 ,3	
G-18	56 ,3	29 ,0	14 ,7	50 ,3	31 ,0	18 ,2	— 6 ,0	+ 2 ,0	+ 4 ,0	
Moyenne.	61 ,2	25 ,8	13 ,0	54 ,6	28 ,5	16 ,9	— 6 ,6	+ 2 ,6	+ 4 ,0	
				4e Groupe : *Palmiers à coque épaisse* (au-dessus de 30% du fruit)						
G-2	53 ,9	30 ,1	16 ,0	47 ,7	32 ,1	20 ,2	— 6 ,2	+ 2 ,0	+ 4 ,2	*Péricarpe* Minima : 0 ,0 (T-2) Max. : — 12 ,0 (T-15) *Coque* Minima : — 0 ,1 (T-4) Max. : + 6 ,4 (T-11) *Amande* Minima : + 0 ,1 (T-13) Maxima : + 6 ,8 (T-15)
B-248 ...	52 ,2	30 ,0	17 ,8	44 ,8	32 ,7	22 ,5	— 7 ,4	+ 2 ,7	+ 4 ,7	
T-1	46 ,1	42 ,6	11 ,3	43 ,9	42 ,9	13 ,2	— 2 ,2	+ 0 ,3	+ 1 ,9	
T-2	42 ,4	42 ,1	15 ,5	42 ,4	40 ,7	16 ,9	— 0 ,0	— 1 ,4	+ 1 ,4	
T-3.....	52 ,4	41 ,1	6 ,5	52 ,0	38 ,5	9 ,5	— 0 ,4	— 2 ,6	+ 3 ,0	
T-4	43 ,7	43 ,6	12 ,7	40 ,0	43 ,5	16 ,5	— 3 ,7	— 0 ,1	+ 3 ,8	
T-5	39 ,5	48 ,9	11 ,6	38 ,8	44 ,0	17 ,2	— 0 ,7	— 4 ,9	+ 5 ,6	
T-6	54 ,0	35 ,7	10 ,3	52 ,9	33 ,5	13 ,6	— 1 ,1	— 2 ,2	+ 3 ,3	
T-7	36 ,2	49 ,5	14 ,3	33 ,4	48 ,4	18 ,2	— 2 ,8	— 1 ,1	+ 3 ,9	
T-8	41 ,1	49 ,8	9 ,1	40 ,0	47 ,1	12 ,9	— 1 ,1	— 2 ,7	+ 3 ,8	
T-9	49 ,2	40 ,0	10 ,8	52 ,7	34 ,3	13 ,0	+ 3 ,5	— 5 ,7	+ 2 ,2	
T-10	50 ,8	36 ,2	13 ,0	50 ,5	34 ,0	15 ,5	— 0 ,3	— 2 ,2	+ 2 ,5	
T-11	58 ,5	30 ,3	11 ,2	46 ,9	36 ,7	16 ,4	— 11 ,6	+ 6 ,4	+ 5 ,2	
T-13	49 ,6	36 ,8	13 ,6	50 ,2	36 ,1	13 ,6	+ 0 ,6	— 0 ,7	+ 0 ,1	
T-15	38 ,4	49 ,0	12 ,6	26 ,4	54 ,3	12 ,6	— 12 ,0	+ 5 ,2	+ 6 ,8	
Moyenne .	47 ,2	40 ,4	12 ,4	44 ,2	39 ,9	15 ,9	— 3 ,0	— 0 ,5	+ 3 ,5	

Tableau II

COMPARAISON DES POIDS MOYENS DES FRUITS PÉRIPHÉRIQUES ET DES FRUITS INTERNES ET DE LEURS AMANDES

Palmiers	Poids moyen des fruits Périphériques	Poids moyen des fruits Internes	Différence *	* Les nombres portés dans cette colonne expriment la différence entre le poids moyen des fruits internes et celui des fruits périphériques	Poids moyen des amandes Périphériques	Poids moyen des amandes Internes	Différence	Différence entre le poids moyen des amandes des fruits internes et celui des amandes des fruits périphériques
1er Groupe : *Palmiers à coque très mince* (moins de 20% du fruit)								
B-208 ..	8,70	5,80	— 2,90	Différences extrêmes (fruits)	0,49	0,50	+ 0,01	Différences extrêmes (amandes)
B-214 ..	8,60	7,05	— 1,55	Minima : — 1,55 (B-214)	0,98	1,18	— 0,20	Minima : — 0,01 (B-225)
B-215 ..	9,05	5,60	— 3,45		0,96	0,91	— 0,05	Maxima : + 0,20 (B-214)
B-220 ..	6,80	4,90	— 1,90	Maxima : — 3,60 (A-1)	0,66	0,61	— 0,05	
B-225 ..	8,20	5,60	— 2,60		0,79	0,78	— 0,01	
B-245 ..	6,50	4,05	— 2,45		0,80	0,66	— 0,14	
A-1	12,45	8,85	— 3,60		0,84	0,99	+ 0,15	
G-30 ...	7,50	4,10	— 3,40		0,60	0,47	— 0,13	
Moyennes	8,50	5,75	— 2,75		0,76	0,76	0,00	
2e Groupe : *Palmiers à coque mince* (de 20 à 25% du fruit)								
B-205 ..	4,60	3,50	— 1,10	Différences extrêmes observées (fruits)	0,53	0,60	+ 0,07	Différences extrêmes observées (amandes)
B-212 ..	7,45	5,60	— 1,85		0,78	0,79	+ 0,01	
B-213 .-	8,15	5,35	— 2,80	Minima : — 1,00 (G-8)	0,77	0,70	— 0,07	Minima : 0,00 (G-25)
B-223 ..	0,95	6,60	— 3,35	Maxima : — 2,80 (S-1)	1,16	1,05	— 0,11	Maxima : + 0,18 (N-7)
B-224 ..	8,10	5,70	— 2,40		0,83	0,74	— 0,09	
B-246 ..	6,15	5,30	— 1,60		1,00	1,05	+ 0,05	
B-247 ..	7,50	4,90	— 2,60		0,93	0,78	— 0,15	
N-3	5,60	5,10	— 0,50		0,71	0,82	— 0,11	
N-4 ...	5,70	4,50	— 1,20		0,73	0,85	+ 0,12	
B-7	7,35	6,75	— 0,60		1,01	1,19	+ 0,18	
N-9 ...	6,65	4,75	— 1,90		1,08	0,99	— 0,09	
G-8 ...	4,30	3,30	— 1,00		0,48	0,52	+ 0,04	
G-25 ..	6,10	4,45	— 1,65		0,73	0,73	0,00	
G-28 ..	7,50	5,60	— 1,90		1,10	0,95	— 0,15	
G-32 ..	6,90	5,50	— 1,40		0,97	0,99	+ 0,02	
G-33 ..	8,50	6,26	— 2,25		1,20	1,06	— 0,14	
D-4 ...	9,30	6,90	— 2,40		1,03	1,01	— 0,02	
D-11 ..	7,00	5,70	— 1,30		0,85	1,02	+ 0,17	
S-1	8,50	5,70	— 2,80		0,99	0,86	— 0,13	
Moyennes	7,15	5,35	— 1,80		0,89	0,88	0,01	

Tableau II (*Suite*)

Palmiers	Poids moyen des fruits — Périphériques	Poids moyen des fruits — Internes	Différence *	* Les nombres portés dans cette colonne expriment la différence entre le poids moyen des fruits internes et celui des fruits périphériques	Poids moyen des amandes — Périphériques	Poids moyen des amandes — Internes	Différence	Différence entre le poids moyen des amandes des fruits internes et celui des amandes des fruits périphériques
3e Groupe : *Palmiers à coque moyenne* (25 à 30% du fruit)								
T-12 ...	6,70	4,20	— 2,50	Différences extrêmes observées (fruits)	0,58	0,49	— 0,09	Différences extrêmes observées (amandes)
B-204 ..	7,10	4,35	— 2,75		1,00	0,83	— 0,17	
B-210 ..	7,05	5,30	— 1,75	Minima : — 1,10 (B-229)	0,70	0,73	+ 0,03	Minima : — 0,01 (G-17)
B-219 ..	7,80	5,45	— 2,35		1,15	1,05	— 0,10	
B-229 ..	7,10	6,00	— 1,10	Maxima : — 3,75 (N-12)	1,36	1,32	— 0,04	Maxima : — 0,36 (N-12)
B-232 ..	5,90	4,20	— 1,70		0,65	0,70	+ 0,05	
B-242 ..	8,40	5,80	— 2,60		0,82	0,87	+ 0,05	
B-244 ..	7,45	5,00	— 2,45		0,82	0,86	+ 0,04	
N-12 ..	8,20	4,45	— 3,75		1,16	0,80	— 0,36	
G-12 ...	7,40	4,70	— 2,70		0,92	0,79	— 0,13	
G-17 ...	6,80	5,60	— 1,20		0,86	0,85	— 0,01	
G-18 ...	7,80	6,00	— 1,80		1,15	1,10	— 0,05	
Moyennes	7,30	5,10	— 2,20		0,93	0,87	— 0,06	
4e Groupe : *Palmiers à coque épaisse* (plus de 30% du fruit)								
G-2	6,00	4,90	1,10	Différences extrêmes observées (fruits)	0,96	0,99	+ 0,03	Différences extrêmes observées (amandes)
B-248 ..	6,10	4,55	— 1,55		1,14	1,00	0,14	
T-1	14,40	8,50	— 5,90	Minima : — 1,10 (G-2)	1,70	1,30	— 0,40	Minima : + 0,03 (T-11)
T-2	10,50	6,50	— 4,00		1,65	1,18	— 0,47	
T-3	15,20	11,30	3,90	Maxima : — 7,30 (T-6)	1,08	1,00	— 0,08	Maxima : — 0,88 (T-13)
T-4	11,20	8,20	— 3,00		1,35	1,28	— 0,07	
T-5	6,90	5,50	— 1,40		1,60	0,95	— 0,65	
T-6	15,10	7,80	— 7,30		1,58	1,03	0,55	
T-7	6,40	4,80	— 1,60		0,92	0,88	— 0,04	
T-8	12,15	7,50	— 4,65		1,10	0,92	— 0,18	
T-9	11,70	7,80	— 3,90		1,26	1,01	— 0,25	
T-10 ...	8,10	4,80	— 3,30		1,05	0,74	— 0,31	
T-11 ...	6,75	5,10	— 1,65		0,81	0,84	+ 0,03	
T-13 ...	8,40	6,75	— 1,65		1,80	0,92	— 0,88	
T-15 ...	13,10	7,70	— 5,40		1,65	1,50	— 0,15	
Moyennes	10,15	6,80	— 3,35		1,31	1,04	— 0,27	

Tableau III

COMPARAISON DES POIDS MOYENS DES FRUITS NORMAUX
ET DES POIDS MOYENS DES AMANDES DES DIFFÉRENTS PALMIERS

Palmiers	Poids moyen des fruits	Poids moyen des amandes	Extrêmes observés
	1er Groupe : *Palmiers à coque très mince*		
B-208	7g40	0g49	*Fruits*
B-214	7 ,90	1 ,08	Minimum : 5 ,25 (B-245)
B-215	7 ,70	0 ,94	Maximum : 10 ,80 (A-1)
B 220	5 ,75	0 ,63	*Amandes*
B-225	7 ,00	0 ,79	Minimum : 0 ,49 (B-208)
B-245	5 ,25	0 ,73	Maximum : 1 ,08 (B-214)
A-1	10 ,80	0 ,93	
G-30	5 ,90	0 ,53	
Moyennes	7 ,20	0 ,76	
	2e Groupe : *Palmiers à coque mince*		
B-205	3 ,95	0 ,57	
B-212	6 ,65	0 ,79	
B-213	6 ,70	0 ,73	
B-223	8 ,80	1 ,13	
B-224	6 ,85	0 ,78	
B-246	6 ,25	1 ,02	
B-247	6 ,15	0 ,85	
N-3	5 ,35	0 ,76	
N-4	5 ,10	0 ,79	
N-7	7 ,05	1 ,09	*Fruits*
N-9	5 ,60	1 ,03	Minimum : 3 ,80 (G-8)
G-9	3 ,80	0 ,50	Maximum : 8 ,80 (B-228)
G-25	5 ,30	0 ,73	*Amandes*
G-28	6 ,60	1 ,02	Minimum : 0 ,50 (G-8)
G-32	6 ,30	0 ,98	Maximum : 1 ,13 (B-228)
G-33	7 ,30	1 ,12	
D-4	8 ,30	1 ,02	
D-11	6 ,70	0 ,90	
S-1	6 ,90	0 ,90	
Moyennes	6 ,30	0 ,88	

Tableau III (*Suite*)

Palmiers	Poids moyen des fruits	Poids moyen des amandes	Extrêmes observés
3e Groupe : *Palmiers à coque moyenne*			
T-12	5 ,25	0 ,53	
B-204	5 ,65	0 ,91	*Fruits*
B-210	6 ,20	0 ,72	Minimum : 4 ,85 (B-232)
B-219	6 ,75	1 ,10	Maximum : 7 ,15 (B-242)
B-229	6 ,50	1 ,34	*Amandes*
B-232	4 ,85	0 ,68	Minimum : 0 ,53 (T-12)
B-242	7 ,15	0 ,84	Maximum : 1 ,12 (G-18)
B-244	6 ,30	0 ,93	
N-12	6 ,65	1 ,02	
G-12	6 ,20	0 ,86	
G-17	6 ,15	0 ,85	
G-18	7 ,00	1 ,12	
Moyennes	6 ,20	0 ,91	
4e Groupe : *Palmiers à coque épaisse*			
G-2	5 ,65	0 ,97	
B-248	5 ,20	1 ,05	
T-1	10 ,80	1 ,42	
T-2	8 ,00	1 ,30	
T-3	13 ,50	1 ,04	*Fruits*
T-4	9 ,65	1 ,33	Minimum : 5 ,20 (B-248)
T.5	6 ,15	0 ,88	Maximum : 13 ,50 (T-3)
T-6	10 ,90	1 ,26	*Amandes*
T-7	5 ,40	0 ,89	Minimum : 0 ,82 (T-11)
T-8	9 ,30	1 ,02	Maximum : 1 ,57 (T-15)
T-9	10 ,35	1 ,18	
T-10	6 ,65	0 ,92	
T-11	6 ,00	0 ,82	
T-13	7 ,60	1 ,03	
T-15	10 ,30	1 ,57	
Moyennes	8 ,35	1 ,11	

TABLEAU IV

COMPARAISON DES PROPORTIONS DE FRUITS PARTHÉNOCARPIQUES ET DE RAFLE DANS LES DIFFÉRENTS PALMIERS

Palmiers	Rafle	Fruits parthénocarpiques		Extrêmes observés
	% du régime	% du régime	% des fruits totaux	
	1er Groupe : *Palmiers à coque très mince*			
B-208 ...	31,8	1,6	2,3	*Rafle* Min. : 31,8 (B-208) Max. : 45,0 (G-30) *Fruits parthénocarp.* % du régime : Min. : 1,6 (B-208) Max. : 12,2 (G-30) % des fruits totaux : Min. : 2,3 (B-208) Le maximum absolu de la proportion de fruits parthénocarpiques par rapport aux fruits totaux est de 100 % puisqu'il existe des palmiers dont tous les fruits sont parthénocarpiques (tel le palmier situé dans la cour du jardin d'essai de Bingerville).
B-214 ...	32,9	7,5	11,3	
B-215 ...	33,6	1,8	2,7	
B-220 ...	42,8	2,2	7,7	
B-225 ...	31,1	5,8	8,4	
B-245 ...	35,6	5,3	8,2	
A-1	41,1	8,0	13,6	
G-30 ...	45,0	12,2	22,2	
Moyennes	36,8	5,6	9,6	
	2e Groupe : *Palmiers à coque mince*			
B-205 ...	39,6	3,0	4,5	
B-212 ...	45,2	5,3	9,6	
B-213 ...	47,0	6,0	11,9	
B-223 ...	38,0	5,0	8,3	
B-224 ...	40,0	5,9	9,3	
B-246 ...	33,5	2,9	4,4	
B-247 ...	37,5	1,1	1,8	
N-3	44,0	2,3	4,1	*Rafle*
N-4	43,9	3,7	6,6	Min. : 30,1 (N-7)
N-7	50,1	2,4	3,4	Max. : 61,1 (N-11)
N-9	51,2	2,0	4,1	*Fruits parthénocarp.*
G-8	35,7	2,5	4,4	% du régime :
G-25	43,1	2,8	6,2	Min. : 1,1 (B-247)
G-28	33,2	6,2	9,3	Max. : 8,2 (D-11)
G-32	33,4	3,4	5,1	% des fruits totaux :
G-33	32,2	2,8	4,1	Min. : 1,8 (B-247)
D-4	31,2	5,0	7,3	Max. : 21-0 (D,11)
D-11 ...	61,1	8,2	21,0	
S-1	32,8	2,4	3,6	
Moyennes	39,6	3,8	6,8	

TABLEAU IV (*Suite*)

PALMIERS	RAFLE % du régime	FRUITS PARTHÉNOCARPIQUES % du régime	 % des fruits totaux	EXTRÊMES OBSERVÉS
		3e GROUPE : *Palmiers à coque moyenne*		
T-12	35,5	9,1	14,2	
B-204 ...	43,9	4,0	7,1	*Rafle*
B-210 ...	29,2	9,6	13,7	Min. : 29,2 (B-210) Max. : 44,0 (G-12)
B-219 ...	32,3	6,3	9,0	
B-229 ...	43,3	4,1	7,2	*Fruits parthénoc.*
B-232 ...	41,3	3,9	6,7	% du régime : Min. : 1,8 (G-18) Max. : 11,5 (G-17)
B-242 ...	34,8	2,2	3,7	
B-244 ...	30,8	2,6	3,8	% des fruits totaux : Min. : 2,7 (G-18 Max. : 14,4 (G-17)
N-12 ...	41,4	2,5	4,3	
G-12 ...	44,0	3,7	6,6	
G-17	33,7	11,5	17,4	
G-18	32,0	1,8	2,7	
Moyennes	36,9	5,1	8,0	
		4e GROUPE : *Palmiers à coque épaisse*		
G-2	47,6	1,0	1,8	
B-248 ...	34,8	1,4	2,1	
T-1	33,6	11,4	17,1	*Rafle*
T-2	31,8	3,6	5,3	Min. : 25,8 (T-9)
T-3	35,3	2,5	3,7	Max. : 49,9 (T 4)
T-4	49,9	5,9	10,5	*Fruits parthénocarp.*
T-5	46,1	2,3	4,3	% du régime :
T-6	40,5	10,5	17,7	Min. : 0,3 (T-10)
T.7	39,9	1,0	1,6	Max. : 11,4 (T-1)
T 8	39,4	1,5	2,4	% des fruits totaux :
T-9	25,8	1,4	1,9	Min. : 0,5 (T-10)
T-10	42,1	0,3	0,5	Max. : 17,7 (T-6)
T-11	43,6	0,8	1,5	
T-13	31,9	3,7	5,4	
T-15	31,7	1,6	2,4	
Moyennes	38,3	3,3	5,2	

TABLEAU V

EXEMPLES DE VARIATIONS DE LA PROPORTION DE FRUITS TOTAUX DANS LES RÉGIMES D'UN MÊME PALMIER AU COURS DE L'ANNÉE

PALMIERS	Richesses extrêmes observées		AMPLITUDE	Date où a été constatée la richesse		Nombre d'études faites sur chaque sujet
	Min.	Max.		Minimum	Maximum	
B-220 ...	53,6 %	63,6 %	10,0	17/11/22	9/6/22	4
B-205 ...	57,3	67,7	10,4	10/11/22	12/1/23	8
B-212 ...	44,3	67,0	22,7	2/10/22	13/2/23	12
B-213 ...	43,3	67,5	24,2	16/3/23	11/4/23	15
B-223 ...	51,7	68,8	17,1	12/7/22	10/11/22	3
B-219 ...	62,3	73,0	10,7	2/6/22	2/2/22	2
B-232 ...	49,3	69,6	20,3	11/4/23	4/12/22	7
B-224 ...	54,0	70,0	16,0	20/9/22	30/3/23	5
B-242 ...	63,5	68,2	4,7	30/3/23	13/2/23	6
G-25	52,0	61,2	9,2	16/12/22	3/3/23	3
T-4	40,9	63,5	22,6	14/2/23	21/2/23	4

Tableau VI

EXEMPLES DE VARIATIONS DE LA TENEUR EN FRUITS PARTHÉNOCARPIQUES DANS LES RÉGIMES D'UN MÊME PALMIER AU COURS DE L'ANNÉE

Palmiers	Fruits parthénocarpiques % du régime		Amplitude de variations	Date où a été constatée la teneur		Fruits parthénocarpiques des fruits totaux		Amplitude de variations	Date où a été constatée la teneur		Nombres d'études effectuées sur chaque sujet
	Minima	Maxima		Minima	Maxima	Minima	Maxima		Minima	Maxima	
B-220 ...	1,5	3,5	2,0	2/10/22	9/6/22	2,6	5,5	2,9	2/10/22	9/6/22	4
B-205 ...	1,1	4,5	3,4	12/7/22	1/10/22	1,8	7,9	6,1	12/7/22	11/2/22	8
B-212 ...	2,9	14,0	11,1	9/9/22	13/2/23	4,9	20,9	16,0	9/7/23	13/2/23	12
B-213 ...	0,5	13,4	12,9	11/4/23	21/2/23	0,7	27,3	16,6	11/4/23	21/2/23	15
B-223 ...	3,5	6,1	2,6	27/1/23	12/7/22	5,3	11,8	6,5	27/1/23	12/7/22	3
B-224 ...	2,1	9,4	7,3	13/10/22	30/3/23	3,9	14,4	10,5	13/10/22	21/3/23	5
B-219 ...	3,1	9,6	6,5	2/6/22	2/2/23	5,0	13,1	8,1	2/6/23	2/2/23	2
B-232 ...	1,8	7,2	5,4	13/3/23	2/10/22	3,2	12,8	9,6	13/3/23	2/10/22	7
B-242 ...	0,7	4,2	3,5	13/2/23	2/3/23	1,0	4,9	3,9	13/2/23	2/2/23	6
G-25 ...	1,1	[illegible],4	2,[illegible]	13/3/23	16/12/22	1,8	6,5	4,7	3/3/23	16/12/22	3
T-4 ...	2,3	9,2	6,9	21/2/23	14/2/23	[illegible],6	22,5	18,9	21/2/23	14/2/23	4

TABLEAU VII

EXEMPLES DE VARIATIONS AU COURS DE L'ANNÉE
DANS LA RÉPARTITION DES FRUITS NORMAUX
DANS LES RÉGIMES D'UN MÊME PALMIER

PALMIERS	PROPORTION de fruits parthénocarpiques % de fruits normaux		AMPLITUDE	DATE où a été constatée la teneur		NOMBRE d'études effectuées sur chaque sujet
	Min.	Max.		Minimum	Maximum	
B-220 ...	49,8	60,6	10,8	21/11/22	9/6/22	4
B-205 ...	39,3	63,6	24,3	10/11/22	12/1/23	8
B-212 ...	55,1	71,2	16,1	20/2/23	28/11/22	12
B-218 ...	44,3	67,4	23,1	2/10/22	16/3/23	15
B-223 ...	66,0	77,1	11,1	10/11/22	27/1/23	3
B-224 ...	48,7	61,9	13,2	2/9/22	21/3/23	5
B-219 ...	61,9	63,9	2,0	2/6/22	2/2/23	2
B.232 ...	40,3	57,7	17,4	4/12/22	2/10/22	7
B-242 ...	54,8	68,4	13,6	13/2/23	2/3/23	6
G-25	53,6	62,2	8,6	8/3/23	16/2/22	3
T-4	44,6	73,8	29,2	9/8/22	14/2/23	4

TABLEAU VIII

EXEMPLES DE VARIATIONS DU POIDS MOYEN DES FRUITS AU COURS DE L'ANNÉE SUR UN MÊME PALMIER

PALMIERS	POIDS MOYENS EXTRÊMES		AMPLITUDE absolue	DATE où a été observé le poids moyen	
	Minimum	Maximum		Minimum	Maximum
B-220 ...	3,80	5,90	2,10	2/10/22	9/6/22
B-205 ...	3,25	6,60	3,35	10/11/22	11/2/22
B-212 ...	4,90	8,45	3,55	2/10/22	13/2/23
B-213 ...	4,15	9,35	5,20	2/10/22	16/3/23
B-223 ...	8,05	9,55	1,50	10/11/22	27/1/23
B-224 ...	5,45	7,30	1,85	2/9/22	30/3/23
B-219 ...	6,60	6,95	0,35	2/6/22	2/2/23
B-232 ...	3,45	6,15	2,70	16/4/23	4/12/22
B-242 ...	6,60	7,80	1,20	16/3/23	2/3/23
G-25	4,25	6,30	2,05	3/3/23	16/12/22
T-4	6,25	14,70	8,45	14/2/23	21/2/23

Tableau IX

EXEMPLES DE VARIATIONS DU POIDS MOYEN DES AMANDES AU COURS DE L'ANNÉE SUR UN MÊME PALMIER

Palmiers	Poids moyens extrêmes		Amplitude	Date où a été observé le poids moyen	
	Minimum	Maximum		Minimum	Maximum
B-220 ...	0,58	0,69	0,11	2/10 et 21/11/22	9/6/22
B-205 ...	0,47	0,88	0,41	10/11/22	11/2/22
B-212 ...	0,73	0,93	0,20	9/4/23	13/2/23
B-213 ...	0,61	0,86	0,25	28/11/22	2/9/22
B-223 ...	1,07	1,20	0,13	10/11/22 et 2/9/22	27/1/23
B-224 ...	0,74	0,86	0,12	21 et 30/3/23	28/9/22
B-219 ...	0,98	1,23	0,25	2/2/23	2/6/23
B-232 ...	0,51	0,82	0,31	16/4/23	25/9/22
B-242 ...	0,79	0,92	0,13	16/3/23	20/2/23
G-25	0,65	0,77	0,12	8/3/23	27/12/23
T-4	0,97	1,59	0,62	21/2/23	14/2/23

TABLEAU X

EXEMPLES DE VARIATIONS OBSERVÉES DANS LA COMPOSITION PHYSIQUE DES FRUITS

PALMIERS	PÉRICARPE					COQUE		
	RICHESSES extrêmes observées		AMPLITUDE	DATE où a été observée la richesse		RICHESSES extrêmes observées		AMPLITUDE
	Minima	Maxima		Minima	Maxima	Minima	Maxima	
				1° FRUITS PÉRIPHÉRIQUES				
B-205 ..	58,1	73,2	15,1	12 juil. 1922	21 déc. 1922	18,3	28,3	10,0
B-212 ..	58,5	75,2	16,7	2 oct. 1922	13 mars 1923	16,1	26,4	10,3
B-213 ..	57,6	74,6	17,0	2 oct. 1922	16 mars 1923	18,1	28,5	9,7
B-224 ..	64,2	73,8	9,6	2 sept. 1922	30 mars 1923	17,3	23,3	6,0
B-232 ..	59,4	69,1	10,7	25 sept. 1922	4 déc. 1923	20,9	28,2	7,3
B-242 ..	57,8	68,4	10,6	20 fév. 1923	2 mars 1923	23,6	31,0	7,4
				2° FRUITS INTERNES				
B.205 ..	50,8	64,1	13,3	12 juil. 1922	11 fév. 1923	22,5	30,8	8,3
B-212 ..	57,6	67,5	9,9	2 oct. 1922	13 mars 1923	19,7	26,3	6,6
B-213 ..	50,5	60,9	10,4	2 oct. 1922	16 mars 1923	26,0	32,7	6,7
B-224 ..	59,8	67,2	7,4	2 sept. 1922	21 mars 1923	20,9	25,5	4,6
B-232 ..	50,9	61,3	11,4	2 oct. 1922	4 déc. 1922	24,8	31,3	6,5
B-242 ..	48,2	57,4	9,2	20 fév. 1923	2 mars 1923	29,3	35,5	6,2

TABLEAU XI

EXEMPLES DE VARIATIONS OBSERVÉES DANS LA COMPOSITION PHYSIQUE

PALMIERS	RICHESSES extrêmes observées		AMPLITUDE	DATE où a été observée la richesse		RICHESSES extrêmes observées		AMPLITUDE
	Minima	Maxima		Minima	Maxima	Minima	Maxima	
B-205 ..	53,8	66,9	13,1	12 juil. 1922	21 déc. 1922	21,2	29,7	8,5
B-212 ..	58,2	72,0	14,2	2 oct. 1922	13 mars 1923	17,6	26,1	5,5
B-213 ..	53,6	70,1	16,5	2 oct. 1922	16 mars 1923	21,4	30,7	9,3
B-224 ...	61,9	71,2	9,3	2 sept. 1922	30 mars 1923	18,7	24,5	5,8
B-232 ..	55,5	60,9	5,4	25 sept. 1922	13 mars 1923	23,2	29,5	6,3
B-242 ..	54,5	64,9	10,4	20 fév. 1923	2 mars 1923	25,4	32,6	11,2

PÉRIPHÉRIQUES ET DES FRUITS INTERNES D'UN MÊME PALMIER AU COURS DE L'ANNÉE

COQUE Date où a été observée la richesse		AMANDE Richesses extrêmes observées			Date où a été observée la richesse	
Minima	Maxima	Minima	Maxima	Amplitude	Minima	Maxima
		1° Fruits périphériques				
12 janv. 1923	12 juil. 1923	8,4	14,4	6,0	21 déc. 1922	2 sept. 1922
13 mars 1923	2 oct. 1922	8,7	15,1	6,4	13 mars 1923	2 oct. 1922
16 mars 1923	28 oct. 1922	6,6	14,2	7,6	16 mars 1923	2 oct. 1922
30 mars 1923	2 sept. 1922	8,9	12,5	3,6	30 mars 1923	2 sept. 1922
4 déc. 1922	2 oct. 1922	10,0	12,6	2,6	4 déc. 1922	25 sept. 1922
2 mars 1923	20 fév. 1923	8,0	11,2	3,2	2 mars 1923	20 fév. 1923
		2° Fruits internes				
10 nov. 1922	12 juil. 1922	13,0	19,6	6,6	11 fév. 1922	12 juil. 1922
13 mars 1923	9 sept. 1922	12,7	16,8	4,1	28 nov. 1922	2 oct. 1922
20 mars 1923	2 oct. 1922	12,2	17,5	5,3	16 fév. 1923	15 avril 1923
30 mars 1923	2 sept. 1922	11,8	14,7	2,9	21 fév. 1923	2 sept. 1922
4 déc. 1922	2 oct. 1922	13,9	17,8	3,9	4 déc. 1922	2 oct. 1922
2 mars 1923	20 fév. 1923	13,3	16,2	2,9	2 mars 1923	20 fév. 1923

MOYENNE DES FRUITS NORMAUX D'UN MÊME PALMIER AU COURS DE L'ANNÉE

Date où a été observée la richesse		Richesses extrêmes observées		Amplitude	Date où a été observée la richesse	
Minima	Maxima	Minima	Maxima		Minima	Maxima
12 janv. 1923	12 juil. 1922	11,4	16,9	5,5	21 déc. 1922	1er oct. 1922
13 mars 1923	2 oct. 1922	10,4	15,7	5,3	28 nov. 1922	2 oct. 1922
16 mars 1923	2 oct. 1922	8,5	15,7	7,2	16 mars 1923	2 mars 1922
30 mars 1923	2 sept. 1922	10,1	13,6	3,5	30 mars 1923	2 sept. 1922
4 déc. 1922	2 oct. 1923	12,3	15,1	2,8	4 déc. 1922	25 sept. 1922
2 mars 1923	20 fév. 1923	9,7	12,9	3,2	2 mars 1923	20 fév. 1923

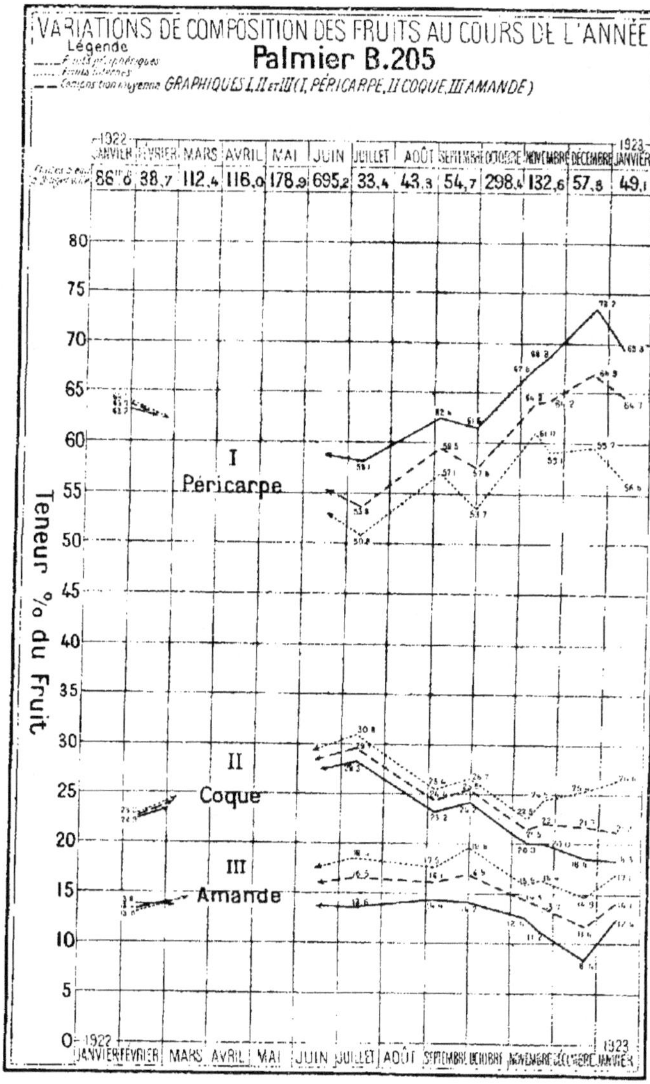
VARIATIONS DE COMPOSITION DES FRUITS AU COURS DE L'ANNÉE
Légende
Palmier B.205
GRAPHIQUES I, II ET III (I, PÉRICARPE, II COQUE, III AMANDE)
1922
JANVIER
FÉVRIER
MARS
AVRIL
MAI
JUIN
JUILLET
AOÛT
SEPTEMBRE
OCTOBRE
NOVEMBRE
DÉCEMBRE
JANVIER
1923
86,6
38,7
112,4
116,0
178,9
695,2
33,4
43,3
54,7
298,4
132,6
57,8
49,1
80
75
70
65
60
55
50
45
40
35
30
25
20
15
10
5
0
Teneur % du Fruit
I
Péricarpe
II
Coque
III
Amande

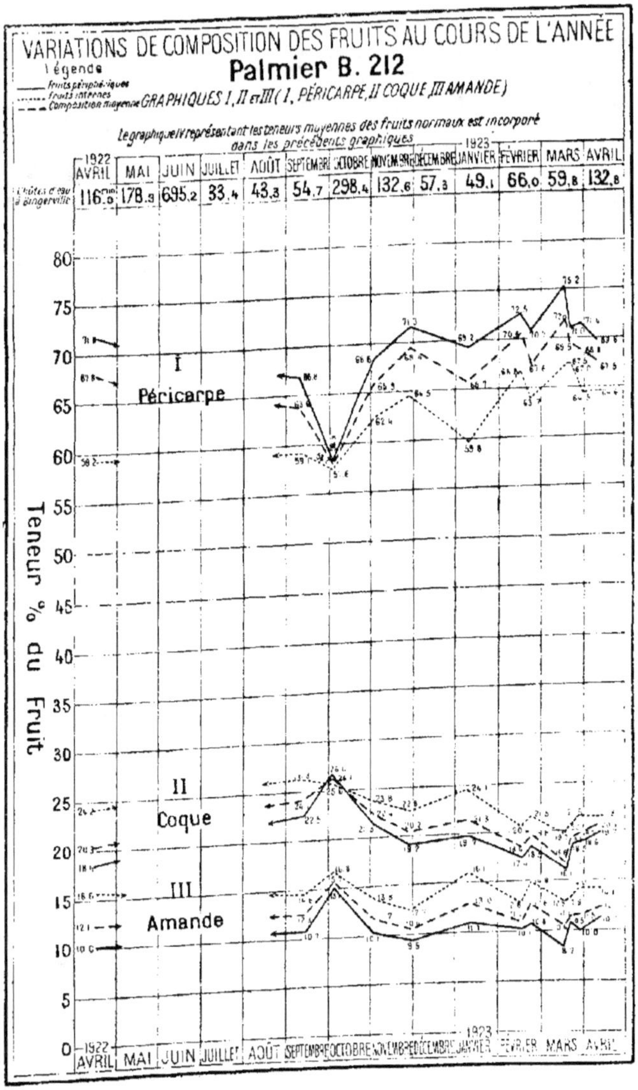
VARIATIONS DE COMPOSITION DES FRUITS AU COURS DE L'ANNÉE
Palmier B. 212
Légende
Fruits périphériques
Fruits internes
Composition moyenne
GRAPHIQUES I, II et III (I, PÉRICARPE, II COQUE, III AMANDE)
Le graphique IV représentant les teneurs moyennes des fruits normaux est incorporé dans les précédents graphiques
1922
1923
AVRIL MAI JUIN JUILLET AOÛT SEPTEMBRE OCTOBRE NOVEMBRE DÉCEMBRE JANVIER FÉVRIER MARS AVRIL
Chutes d'eau à Bingerville
116.0 178.3 695.2 33.4 43.3 54.7 298.4 132.6 57.3 49.1 66.0 59.8 132.8
I
Péricarpe
II
Coque
III
Amande
Teneur % du Fruit
80 75 70 65 60 55 50 45 40 35 30 25 20 15 10 5 0

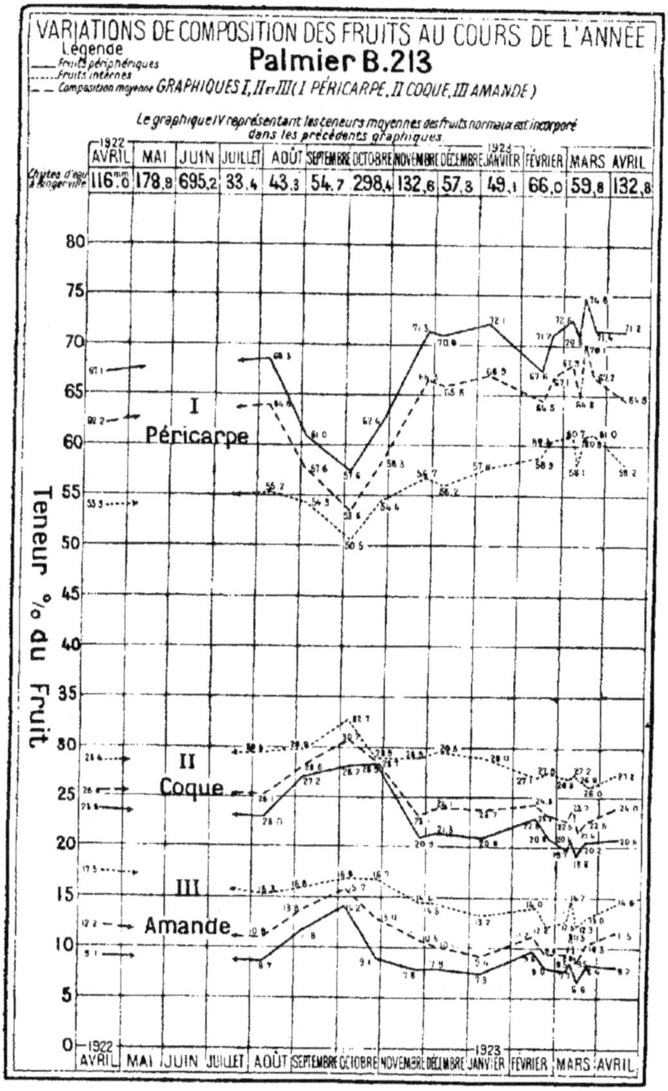
VARIATIONS DE COMPOSITION DES FRUITS AU COURS DE L'ANNÉE
Légende
Fruits périphériques
Fruits internes
Composition moyenne
Palmier B.213
GRAPHIQUES I, II et III (I PÉRICARPE, II COQUE, III AMANDE)
Le graphique IV représentant les teneurs moyennes des fruits normaux est incorporé dans les précédents graphiques.
1922
1923
AVRIL
MAI
JUIN
JUILLET
AOÛT
SEPTEMBRE
OCTOBRE
NOVEMBRE
DÉCEMBRE
JANVIER
FÉVRIER
MARS
AVRIL
Chutes d'eau à Eala
116mm0
178,8
695,2
33,4
43,3
54,7
298,4
132,6
57,3
49,1
66,0
59,8
132,8
Teneur % du Fruit
I
Péricarpe
II
Coque
III
Amande

Résultats des essais de germination des graines d'Elæis effectués en 1922 et au début de 1923

par

L. CASTELLI
Ingénieur d'Agronomie Coloniale
Directeur de la Station de La Mé (Côte d'Ivoire)

Les premiers essais, sur la germination des graines d'Elæis, furent entrepris à la Station de La Mé, en juin 1922.

Ils furent orientés vers l'obtention d'une méthode permettant d'obtenir un développement aussi rapide et régulier que possible de l'embryon. C'est dans ce but que le programme d'études comprenait la recherche : de l'influence de la fermentation, de la température et de la nature du milieu végétatif, des diverses actions améliorantes exercées sur la noix, telles que : passage à la meule, défibrage et désoperculage du pore germinatif, trempage en solution alcaline ou acide, trempage à l'eau chaude.

Ces essais furent menés parallèlement, et chaque fois que le nombre de fruits récoltés, sur un même palmier, le permit, ils furent soumis comparativement aux mêmes opérations.

Les fruits furent fournis par le laboratoire après étude mécanique.

Les premières recherches portèrent sur l'influence de la fermentation et du milieu végétatif. *A priori*, il semble que la fermentation par le dégagement de chaleur qu'elle provoque, la décomposition rapide du péricarpe, doive avoir une influence marquée sur la rapidité et la régularité de la germination. Un fait d'observation vient à l'appui de cette hypothèse. Il n'est pas rare, en effet, de trouver sur des palmiers incomplètement exploités ou inexploités, des régimes décomposés dans lesquels un certain nombre de fruits ayant échappé aux oiseaux, aux rongeurs et aux insectes, ont germé en groupe compact et régulier.

Une première série d'essais fut entreprise sur plusieurs lots de graines, les unes issues de fruits soumis à la fermentation, les autres semés immédiatement après dépulpage. Les conditions de milieu devant être les mêmes pour les deux catégories de chaque lot.

Pour se placer aussi près que possible des conditions naturelles, les fruits furent mis à fermenter, à même le sol, sous abris de végétaux, les lots isolés par des compartiments. L'humidité fut entretenue par des arrosages fréquents. Dans ces conditions, la fermentation fut très lente à se développer. Rongeurs et insectes en détruisirent rapidement le péricarpe, l'enrayèrent. Le but poursuivi ne pouvant être atteint, l'essai de fementation sur le sol fut abandonné.

Les graines issues de fruits non fermentés furent semées, d'une part en plein air, d'autre part sous abri : 1° en terre siliceuse ordinaire (témoin) ; 2° en terreau mélangé de sable ; 3° en terreau pur ; 4° en débris de régimes mélangés de terre siliceuse ; 5° en débris de régimes mélangés de terreau. Dans chaque lot important de fruits, on fit varier les conditions de milieu et d'exposition. L'humidité fut maintenue par de fréquents arrosages.

Dans une deuxième série, les fruits furent mis à fermenter dans des caissettes feutrées de débris de régimes, placés dans une pièce close, sous couverture de tôle ondulée, une humidité constante est maintenue dans le milieu en fermentation.

Dans ces conditions, on observe, quarante-huit heures après la mise en caisse, des températures de 42° pour une masse de 600 fruits, de 38°5 pour une masse de 380 fruits. Les températures, prises le matin à 7 heures, pendant plusieurs jours, accusent très peu d'écart. Vers le septième et huitième jour se produisent un ralentissement de la fermentation et un abaissement de la température. L'aération, le malaxage des fruits, avec dilacération du péricarpe, ramènent l'activité de la fermentation et de la température qui se maintient jusqu'au quinzième jour. L'influence de la durée de la fermentation est étudiée sur plusieurs lots qui y furent soumis pendant 8, 15 et 20 jours.

Après fermentation, les fruits furent rapidement dépulpés et les graines servirent à poursuivre les essais sur les conditions de milieu.

Abandonnées au sol, les graines se trouvent dans des conditions de température peu favorables. La forte nébulosité qui se fait sentir, particulièrement en saison des pluies, pendant un grand nombre d'heures dans la journée, ne produit pas un échauffement suffisant du sol pour permettre de hâter la germination. La nuit, la terre se refroidit. Les extrêmes de température observés, en terre humide et découverte, à 3 centimètres de la surface, sont de 22° à 7 heures, 44° à 14 heures, par forte intensité solaire.

Ces observations amènent à recourir à l'emploi de couches chaudes et à la recherche, en l'absence de matières organiques animales, de matières végétales susceptibles de fournir par leur décomposition, une chaleur régulière, pendant un certain temps.

Les premiers matériaux employés furent : la rafle des régimes, le terreau provenant de la décomposition des arbres, les feuilles recueillies sur le sol de la forêt. Quatre fosses de 0 m. 20 sont garnies de rafle, trois fosses de 0 m. 30 de terreau, quatre fosses de 0 m. 80 de feuilles. Six de ces fosses sont placées sous coffrage de bois afin de pouvoir les couvrir la nuit, deux planches de terre ordinaire servent de témoin. Divers lots de graines sont répartis dans ces divers milieux.

Les couches constituées avec la rafle seule présentent une légère élévation de température.

La recherche des divers végétaux utilisables fit arrêter le choix sur les feuilles de *Celtis*, abondant et facile à récolter, et les tiges de maïs broyées.

Ces matériaux sont fortement tassés dans des fosses de 0 m. 80 recouverts d'une couche de 0 m. 10 de terreau et sous coffrages couverts, la nuit, de paillassons ou de nattes.

L'arrivée de thermomètres, en janvier, permit de suivre les températures de ces diverses couches. Celles constituées par les feuilles de *Celtis*, ont un accroissement de température plus rapide que celles constituées par des tiges de maïs. Au bout de quelques jours, les températures constatées sont : à 7 heures de 34° à 35°, soit de 12 à 13° supérieure à celle du sol ; à 14 heures de 40 à 44°, suivant l'intensité solaire. Au bout de 15 à 20 jours, ces couches se refroidissent, lentement, pour ne présenter, après 40 jours, aucune différence avec la température du sol.

La possession d'une petite quantité de pulpe a permis la constitution, sur une épaisseur de 0 m. 40, d'une couche faite de pulpe en mélange avec de la rafle. Suivie pendant 50 jours, elle a fourni, régulièrement, 33 à 35° à 7 heures, 40 à 44° à 14 heures.

Les couches de feuilles de *Celtis* et de feuilles de maïs, malgré un tassage énergique, ont le grave défaut de s'affaisser, compromettant ainsi la réussite du semis. Bien plus, elles attirent de nombreux insectes, particulièrement des fourmis, qui causent de graves dégâts.

Ces inconvénients amenèrent l'adoption, au début de 1923, de la stratification des graines en caissettes garnies, à titre comparatif, de terreau, de sable, de débris de régimes, sur masse de *Celtis* en formation, incluse dans un clayonnage et en coffre de bois, à l'abri du soleil et de la pluie. Ce procédé, à défaut d'autre matériel, met les semis à l'abri des insectes et des rongeurs, permet le maintient d'une température plus régulière. Ainsi, des graines mises en stratification en mars, sont maintenues pendant deux mois d'observation à des températures dont les extrêmes oscillent entre 37° et 43°.

Ce mode opératoire nécessite le renouvellement fréquent de la masse de *Celtis*.

L'action améliorante, à faire subir aux graines, a été l'objet de quelques essais qui ont porté :

1° Sur des graines à pore germinatif défibré ;

2° Sur des graines à pore germinatif désoperculé ;

3° Sur des graines passées à la meule ;

4° Sur des graines traitées pendant vingt-quatre heures par des solutions d'acide chlorhydrique à 1 %, 2 %, 3 %, 4 %, 5 % ;

5° Sur des graines traitées, pendant vingt-quatre heures, par des solutions de potasse à 1 %, 2 %, 3 %, 4 %, 5 %.

Au cours de ces divers essais, les graines semées furent attaquées par des rongeurs et des fourmis, communément appelées sur place « petit magnan rouge ». Les dégâts causés peuvent être évalués à 50 % des graines semées, dans certains cas.

Les fourmis attaquent à la fois : la graine dans laquelle elles pénètrent par le pore germinatif et qu'elles vident, la jeune plante par sectionnement des tissus tendres, un peu au-dessus du collet.

De date trop récente pour permettre des conclusions définitives, les essais entrepris ont cependant permis les constatations suivantes.

Les graines non fermentées, semées à l'ombre ou au soleil, ne commencent à donner des germinations régulières que vers le huitième mois, certains lots, après onze mois de semis, ne donnent que 50 % de germinations.

Les graines soumises à fermentation, semées sur couches maintenues plus ou moins longtemps à des températures variant de 35 à 44°, commencent à germer d'une façon régulière à partir du quatrième mois.

Parmi les actions améliorantes, exercées sur la graine, le désoperculage du pore germinatif semble seul avoir une action. On ne peut cependant l'affirmer tant que des essais en cours n'auront pas contrôlé les premiers résultats obtenus, mais faussés par les dégâts causés par les fourmis.

Quelques germinations ont été obtenues après fermentation et sur couche, en 45, 50, 57 jours. Ce sont là des exceptions certainement dues à un état physiologique particulier de la graine plutôt qu'aux méthodes employées.

Les essais entrepris démontrent que la conduite de la germination des graines d'Elaeis est une opération délicate lorsqu'il s'agit de l'obtenir hâtivement et régulièrement. Elle demande une étude approfondie et suivie, des meilleures conditions de milieu, qui ne peut être réalisée sans un matériel approprié. Ce n'est qu'avec des moyens rudimentaires, et en tirant parti des ressources trouvées sur place, que les premiers essais ont été entrepris.

Dans l'état actuel des choses, ne pouvant constituer des couches chaudes avec du fumier, l'emploi de végétaux en décomposition étant aléatoire et donnant trop d'irrégularité dans les températures, la meilleure solution qui s'impose, pour arriver à des résultats rapides, est la construction d'une serre ou d'une chambre chaude, la température y étant maintenue constante par chauffage. On pourrait, ainsi, déterminer la température optima pour la bonne germination, obtenir en grand nombre des plants homogènes permettant d'effectuer, ensuite, les plantations, dans les meilleures conditions.

En attendant que des améliorations interviennent, de nouveaux essais sont en cours qui confirmeront, sans doute, les premiers résultats obtenus.

TABLE DES MATIÈRES

Rochefort-sur-mer. — Imprimerie A. Thoyon-Thèze. — 12-1927.

ROCHEFORT. — IMPRIMERIE A. THOYON-THÈZE — 12-1927.

www.ingramcontent.com/pod-product-compliance
Lightning Source LLC
LaVergne TN
LVHW020838200726
843508LV00003B/974
9782329734064